U0284177

WILEY

计算机

科学与技术丛书

数据分析

统计、描述、预测与应用

[葡]乔·门德斯·莫雷拉
[巴西]安德烈·卡瓦略◎ 著
[匈]托马斯·霍瓦斯

吴常玉 ◎ 译

A GENERAL INTRODUCTION TO DATA ANALYTICS

清华大学出版社

北京

北京市版权局著作权合同登记号　图字：01-2018-8451

内 容 简 介

本书介绍数据分析的统计基础、种类划分,并列举大量实例以说明数据分析方法和算法。内容主要分为4部分,第1部分为第1章,介绍一些概念,简单描述数据分析方法和一些实例;第2部分包括第2~7章,介绍描述性分析和数据预处理的主要方法,包括描述统计、多元描述分析、聚类以及频繁模式挖掘等;第3部分包括第8~12章,介绍预测性分析的主要方法,其中包括多种回归算法、二元回归、分类的性能测量和基于概率和距离测量的方法,以及决策树、人工神经网络和支持向量机等较为先进的方法;第4部分为第13章,利用描述和预测这两种方法,简要讨论文本、网络以及社交媒体的应用。

A General Introduction to Data Analytics

João Mendes Moreira,André de Carvalho,Tomáš Horváth

ISBN:978-1-119-29624-9

Copyright © 2019 by John Wiley & Sons,Limited. All rights reserved.

Authorized translation from the English language edition published by John Wiley & Sons Limited,Responsibility for the accuracy of the translation rests solely with Tsinghua University Press Limited and is not the responsibility of John Wiley & Sons Limited. No part of this book may be reproduced in any form without the written permission of the original copyright holder,John Wiley & Sons Limited.

图书在版编目(CIP)数据

数据分析:统计、描述、预测与应用/(葡)乔·门德斯·莫雷拉,(巴西)安德烈·卡瓦略,(匈)托马斯·霍瓦斯著;吴常玉译.—北京:清华大学出版社,2021.4(2024.11重印)
　(计算机科学与技术丛书)
　书名原文:A General Introduction to Data Analytics
　ISBN 978-7-302-56847-6

Ⅰ.①数…　Ⅱ.①乔…②安…③托…④吴…　Ⅲ.①数据处理　Ⅳ.①TP274

中国版本图书馆 CIP 数据核字(2020)第 225296 号

责任编辑:盛东亮　吴彤云
封面设计:吴　刚
责任校对:时翠兰
责任印制:沈　露

出版发行:清华大学出版社
　　　　网　　　址:https://www.tup.com.cn, https://www.wqxuetang.com
　　　　地　　　址:北京清华大学学研大厦 A 座　　　　　　邮　　编:100084
　　　　社 总 机:010-83470000　　　　　　　　　　　　邮　　购:010-62786544
　　　　投稿与读者服务:010-62776969, c-service@tup.tsinghua.edu.cn
　　　　质量反馈:010-62772015, zhiliang@tup.tsinghua.edu.cn
　　　　课件下载:https://www.tup.com.cn, 010-83470236
印 装 者:三河市君旺印务有限公司
经　　销:全国新华书店
开　　本:186mm×240mm　　　印　　张:15.75　　　　　字　　数:343 千字
版　　次:2021 年 6 月第 1 版　　　　　　　　　　　　印　　次:2024 年 11 月第 6 次印刷
印　　数:9001~10200
定　　价:79.00 元

产品编号:082011-01

译者序
TRANSLATOR ORDER

在 21 世纪的今天,数据已经成为我们无法忽视的一个概念,从一次网页点击到整个电商网站的购物记录,从单个摄像头到城市级的天网监控,数据真真切切地出现在我们的生活中。目前的数据以"大"为显著特点,其数量巨大,产生速度快,种类繁多且具有巨大的价值。

不管你处在什么行业领域中,数据都有其价值,要从繁杂的数据中找到这些价值,就需要掌握一定的分析方法。比较专业的说法就是,用适当的统计分析方法对收集来的大量数据进行分析,从而提取有用信息,形成结论并对数据加以更为详细的研究和概括总结。

数据分析的目的就是把隐藏在大量杂乱无章的数据中的信息进行集中、萃取和提炼,找出所研究对象的内在规律。在实际应用中,数据分析可帮助人们做出判断,以便采取适当行动。例如,对于个人,利用手环等传感设备,我们身体的各项指标都得以数据化,有助于我们调节个人日常生活规律,提高身体素质;对于企业,数据分析的作用则主要体现在三大方面,一是对业务的改进优化,二是帮助业务发现机会,三是创造新的商业价值。

随着计算机、传感器以及电池技术的发展,数据量会越来越大,而且其价值已被更多的人认可,很多地方政府都在建设自己的大数据中心,协调整个城市的运营管理。因此,掌握一定的数据分析方法,对于我们将来的生活和工作都大有裨益。

译　者

2021 年 1 月

前 言
FOREWORD

我们生活在这样一个历史时期,信息开始可以即时获得,服务是根据个人标准定制的,人们可以做让自己感觉良好的事情(如果不危及自己的生命的话)。每年,机器能够做得越来越多,我们的生活质量也得以提高,比以往任何时候都有更多的数据可用,而且将越来越多。这是一个我们可以从数据中提取比以往任何时候都多的信息并从中受益更多的时期。

在不同业务领域和不同机构中,不断出现新的数据收集方法。旧文件被数字化,新的传感器计算高速公路上来往的车辆并提取有用的信息,智能手机每时每刻都在通知我们所在的位置、可能的新机会以及和我们相关的社交网络或我们喜欢的东西。

无论我们在哪个领域工作,都有新数据可用:学生如何评价教授的数据,每个病人疾病进化和最佳治疗方案的数据,能提高粮食的产量和质量的湿度、气候和土壤数据,有助于财富公平分配的宏观经济、投资和股票市场指标数据,能以更低价格和更高效率购买商品的数据,等等。

许多专业的学生都感受到了利用他们所拥有数据的必要性。在世界范围内,从生物学到信息科学,从工程学到经济学,从社会科学到农学,许多专业都开设了数据分析的新课程。

数据分析方面最早的一些书籍出现在几年前,都是数据科学家为其他数据科学家或数据科学专业学生编写的,对这些课程感兴趣的多数人都是计算机和统计学学生,之前的数据分析书籍主要是面向他们的。到了今天,对数据分析感兴趣的人越来越多。经济学、管理、生物、医药、社会学、工程以及其他专业的学生都有学习数据分析的意愿,本书不仅要为计算机和统计学学生提供一本新的、更友好的教科书,也要向那些可能对计算或统计学一无所知、但想以简单的方式学习这些学科的学生介绍数据分析。那些已经学习过统计学的人会了解本书中描述的一些内容,如描述性统计;计算机专业的学生则会对伪代码非常熟悉。

读完这本书,你可能不会觉得自己像一个有能力创造新方法的数据科学家,但希望你能觉得自己像一个数据分析从业者,能够驱动一个数据分析项目,使用正确的方法解决实际问题。

乔·门德斯·莫雷拉(João Mendes Moreira)

安德烈·卡瓦略(André de Carvalho)

托马斯·霍瓦斯(Tomáš Horváth)

致 谢
THANKS

感谢 Bruno Almeida Pimentel，Edésio Alcobaca Neto，Everlândio Fernandes，Victor Alexandre Padilha 和 Victor Hugo Barella，他们为本书提出了有用的建议。

在过去的几个月里，我们与 Wiley 保持了紧密联系：*Statistics* 的执行编辑 Jon Gurstelle、助理编辑 Kathleen Pagliaro、项目编辑 Samantha Katherine Clarke 和 Kshitija Iyer，以及生产编辑 Katrina Maceda。对所有这些优秀的人，我们怀有深深的感激之情，尤其是现在这个项目已经完成了。

最后，我们要感谢我们的家人，感谢他们一直以来的爱、支持、耐心和鼓励。

目录
CONTENTS

第 3 部分　预 测 未 知

第 4 部分　常见的数据分析应用

第1部分　背 景 介 绍

第1章

我们可以用数据做什么

前些年,数据分析研究人员为了得到实验需要的数据而煞费苦心,数据处理、数据存储和数据传输技术,以及相关的智能计算机软件的进步,使获取数据的成本降低,且容量加大,使这一情况得到了改善。现在是物联网的时代,以将所有事物联网为目标。之前只能用纸记录的数据,现在可以在线查看了,每天产生的数据也越来越多。无论是在自己的社交网络中评论,上传一张照片、一些音乐或视频,上网浏览或是在电商网站中添加一条评价,你都为数据增长贡献了一份力。另外,机器、金融交易和安防监控等传感器,也在源源不断地汇聚各种数据。

2012年曾经有机构预测,全世界每年的数据总量都会翻倍;2014年做的另一个预测则是到2020年所有的数据都将实现数字化,且10年前80%的流程和产品都会被消除或革新;2015年的报告则指出移动数据流到2020年会增长10倍。对于这种数据的快速增长带来的后果,有些人称之为"数据爆炸"。

尽管我们的感觉好像是:我们陷入数据中,但可以访问所有这些数据也带来了各种各样的好处。有了这些数据的存在,许多新的、有用、合法且可为人理解的知识也就有了源泉。因此,人们对这些数据进行挖掘的兴趣不减,而提取出的这些知识则可以用于许多领域的决策,如农业、商业、教育、环境、金融、政府、工业、医药、交通和社会保健等。许多企业都意识到数据的巨大价值,以及在提高工作、降低浪费、减少危险及单调的工作活动、提高产品价值和效益方面的巨大作用。

对这些数据进行分析以提取价值,是一个名为数据分析(Data Analytics)的新兴学科,分析有多种词义,这里采用的是以下词义。

分析学　分析原始数据并从中提取出知识(模式)的学科。

这个过程也可以包括数据的采集、组织、预处理、转换、建模以及解析。

分析学作为一个学术领域,还涉及其他许多不同领域。从数据样本中总结出知识的想法来自统计学的一个分支,也就是归纳学习,这一领域历史悠久。随着个人计算机的出现,计算机在解决归纳学习问题中的应用越来越普遍,而且还开发出了很多新的方法。同时出现了不少新的问题,需要对计算机科学有深入的了解。例如,以更高的计算效率执行某个特定任务,已经成为计算统计学研究人员的一个课题。

与此同时,许多人工智能领域的研究人员都梦想能够利用计算机重现人的行为,他们在研究中应用了统计学,重现人类和生物行为的想法是一个重要的推动。另外,利用人工神经网络重现人类大脑的工作方式的研究,从 20 世纪 40 年代就已经开始了;利用蚁群优化算法重现蚂蚁工作方式的研究则始于 20 世纪 90 年代。机器学习(Machine Learning,ML)这一说法最早由 Arthur Samuel 于 1959 年提出,"在未经过精心编程的情况下研究如何让计算机具有学习能力"。

20 世纪 90 年代出现了一个含义有些不同的术语,也就是数据挖掘,近年也出现许多商业智能工具,数据存储设备容量也随之变大,价格却降低了。企业开始收集越来越多的数据,目的是解决或改进在商业运作中出现的问题,如检测信用卡诈骗、告知公众城市中道路网络限制或利用相关营销中更具效率的技术以改进客户关系。问题是如何挖掘数据以得到能够用于特定任务的知识,这是数据挖掘的目的。

1.1 大数据和数据科学

大数据这一说法在 20 世纪初出现,大数据是一种用于数据处理的技术,最初由 3 个"V"定义,后来则提出了更多的"V"。最初的 3 个"V"定义了大数据的分类,分别是容量(Volume)、种类(Variety)和速度(Velocity)。容量和大数据的存储方式有关:数据仓库用于大量数据的存储;种类和不同来源得到数据分类有关;而速度则表示以数据流方式快速出现的数据的处理能力。分析学还涉及如何从数据流中获取知识,不过这点就不是大数据的速度所关注的了。

另一个被用作大数据同义词的术语是数据科学,根据 Provost 和 Fawcett 的说法,大数据所代表的数据集过于庞大,传统的数据处理技术已经无法应对,需要开发用于数据存储、处理和传输的新技术和工具,如 MapReduce、Hadoop、Spark 和 Storm。但数据容量并非大数据的唯一特征,"大"这个字可以表示数据源的数量、数据的重要性、新的处理技术的必要性、数据出现的速度、不同数据集的组合以进行实时分析,以及它的普遍性,这是因为任何企业、非营利性组织或个人都能访问数据。

大数据更关注技术方面,它为数据分析以及其他数据处理任务,提供了计算环境。这些任务包括金融交易流程、网页数据处理以及地理参考数据处理。

数据科学关注用于复杂数据模式提取的模型构建,以及这些模型在实际问题处理中的应用。在一定的技术支撑下,数据科学从数据中提取出有意义且有用的知识,它与分析学以及数据挖掘关系密切。由于实现了包括统计学和可视化的知识提取框架,数据科学不仅限于数据挖掘。

因此,大数据为数据收集和管理提供了支撑,而数据科学则利用技术手段在这些数据中发现新的且有用的知识,即大数据收集和数据科学发现。其他术语则包括知识发现或提取、模型识别、数据分析和数据工程等。我们所用的数据分析的定义,涵盖了从数据中进行知识提取涉及的所有这些领域。

1.2　大数据架构

随着数据在大小、速度以及种类方面的增加,对计算机新技术的需求也更加迫切。这些新技术,包括硬件和软件在内,必须能随着数据的增加而方便扩展。这个特性也称作可扩展性,将数据处理任务分散到以聚类的形式存在的多台计算机中,就是获得可扩展性的一种手段。读者不要混淆计算机聚类和利用聚类技术得到的聚类,聚类技术属于分析学范畴,其将数据集分隔开,并在其中找到分组。

即使利用计算机聚类扩展了处理能力,分布式系统中的传统软件通常无法处理大数据。一个限制在于不同处理和存储单元中的数据分布效率,为了应对这些需求,新的软件工具和技术被开发了出来。

为了利用聚类进行数据处理,MapReduce 就是最早被开发出来的技术之一。MapReduce 是一个包括两个步骤的编程模型:Map 和 Reduce,Hadoop 则是最著名的 MapReduce 实例。

MapReduce 将数据分为多个部分(块),并将这些数据块放到相应的计算机中,以完成处理任务。例如,假设需要计算 10 亿人的平均工资,且有 1000 台计算机,每台计算机都有一个处理单元和存储器,这些人可以被分为 1000 个块(子集),每块表示 100 万人,每台计算机处理一个块,将这些计算机得到的结果(100 万人的平均工资)平均后就得到了最终的平均工资。

为了高效解决一个大数据的问题,分布式系统需要满足下列需求。

(1) 确保不会丢失数据块且可以完成整个任务,若一台或多台计算机出现问题,它们的任务和对应的数据块需要由其他计算机完成。

(2) 在不止一台簇计算机中重复同一个任务,以及对应的数据块,这个过程叫作冗余计算,若一台或多台计算机失败,则其他计算机会执行相应的任务。

(3) 有问题的计算机在修复后会再次回到聚类中。

(4) 处理需求改变时,很容易就能在聚类中加入或删除计算机。

包含这些需求的解决方案需要隐藏软件工作的细节,如数据块和任务在聚类中是如何分割的。

1.3　小数据

与大数据技术和方法相反,"小数据"指的是对数据块更加个人、主观的分析。小数据的容量和格式更适合个人或小组织的处理和分析,因此,与多种来源、不同格式、快速产生、需要大的数据仓库以及处理设备不同,小数据更倾向于将问题分为小块,以便不同的人或小组能够以分布和统一的方式处理。

人们在执行日常任务时不间断地产生小数据,无论是上网浏览、在商店购物、医疗检查还是在移动设备上使用 App。当收集了这些数据并在大的数据处理器中存储和处理时,它们就变成了大数据。小数据的特征是,数据集具有用户可以完全理解的大小。

在大数据和小数据中得到的知识类型也是不同的,前者寻找相关性,后者则是因果关系。大数据给企业提供了有助于了解用户的工具,小数据工具则帮助用户了解自己。因此,大数据关注用户、产品和服务,小数据则关注生成数据的个体。

1.4 什么是数据

什么是数据? 在信息时代,数据是很大的一个集合,表现为数字、文字、图像、音频以及视频等,若未在数据中添加信息,它们就是无意义的。当我们添加信息,给它们赋予一定的意义,那么这些数据就变成了知识。但是一般来说,在数据变成知识前,需要经过几步处理,虽然还是被称作数据,但要规整得多,也就是说,它们已经和一些信息相关联了。

下面来看一个从通讯录中收集到的数据实例。

信息列在表 1.1 中,一般以表格的形式呈现。在表格数据中,数据以行和列的形式表现,每列表示数据的一个特征,每行表示一个数据实例。一列代表一个属性,或者其具有相同的含义,而一行表示一个实例,或者从对象上具有相同的含义。

实例或对象 我们想描述的概念实例。

例 1.1 对于表 1.1 中的例子,我们想要描述自己私人通讯录中的人,这个例子中的每个成员都是一个实例或对象,其对应表格中的一行。

属性或特性 属性,也称作特性,描述了实例的特点。

表 1.1 私人通讯录数据集

联系人	年龄	受教育程度	关系
Andrew	55	1.0	好
Bernhard	43	2.0	好
Carolina	37	5.0	差
Dennis	82	3.0	好
Eve	23	3.2	差
Fred	46	5.0	好
Gwyneth	38	4.2	差
Hayden	50	4.0	差
Irene	29	4.5	差
James	42	4.1	好
Kevin	35	4.5	差
Lea	38	2.5	好
Marcus	31	4.8	差
Nigel	71	2.3	好

例 1.2 在表 1.1 中,联系人、年龄、受教育程度和关系是 4 个不同的属性。

本书的多数章节都希望数据以表格呈现,也就是行列形式,每行对应一个实例,每列表示一个属性。不过,表格的组织形式多样,也可以每列对应一个实例,每行表示一个属性。

不过,有些数据无法用单个表格表示。

例 1.3　举例来说,若有些联系人和其他联系人是亲戚关系,则如表 1.2 所示,有必要增加第二张表用于表示家庭关系。应该注意到,表 1.2 中的每个人都在表 1.1 中,也就是不同表格属性间是有关系的。

由多个表格表示的数据集,明确了这些表格间的关系,称作关系数据集。利用关系数据库可以很容易进行信息处理,在本书中,只能使用简单形式的关系数据,在有必要的时候每章都会讨论这个问题。

表 1.2　联系人间的家庭关系

联系人	父亲	母亲	姐妹
Eve	Andrew	Hayden	Irene
Irene	Andrew	Hayden	Eve

例 1.4　在上述例子中,数据被分为两个表格,一个是具有每个联系人的独立数据(见表 1.1),另一个则是他们间的家庭关系(见表 1.2)。

1.5　数据分析简单分类

我们已经知道了数据的含义,下面就来看一下对它们的处理方法。数据分析包含以下两个自然分类。

(1) 描述性分析:总结或压缩数据以进行模式提取。

(2) 预测性分析:从数据中提取可用于未来预测的模型。

在描述性分析任务中,对于给定的方法或技术,可以将算法应用于数据以直接得到结果,这可能是一个统计结果,如平均数、图形或一组相似的实例,我们在本书中将看到,这个结果可能会和其他东西混在一起。下面来看一下方法和算法的定义。

方法或技术　方法或技术是为了达到某个特定目标而采取的系统性的过程。

方法表示如何执行给定任务,但为了使用一种计算机可理解的语言,就需要通过算法描述这个方法或技术。

算法　算法是一组独立、逐步执行的指令,且易于人类理解,以实现某种给定方法。之所以是独立的,是方便转换成其他编程语言。

例 1.5　得到联系人平均年龄的方法使用了每个联系人的年龄(也可以用其他方法,如统计不同年龄的联系人数量),下面列出了这个简单例子的一种可能的算法。

计算联系人平均年龄的算法

---

1) 输入: A //大小为 N 的所有联系人年龄的向量

2) $S \leftarrow 0$; //将 S 初始化为 0

3) 对于 $i = 1 \sim N$ //遍历 A 中所有元素

4)　　　 $S \leftarrow S + A_i$; //将当前元素(第 i 个)加到 S 中

5) $\overline{A} \leftarrow S/N$；//加和除以联系人总数

6) 返回 $\overline{A}$；//返回结果,也就是 N 个联系人的平均年龄

极限情况下,方法可以非常简单,而且有时可以表示为一个公式,而不是算法。

例 1.6 例如,平均数可以表示为 $\overline{A} = \sum_{i=1}^{N} A_i / N$。

我们已经看到了一个表示描述性方法的算法,其实算法也可以表示预测性方法,下面的例子中描述了如何生成一个模型,先来看一下模型的定义。

模型 数字分析中的模型由后来用于预测给定实例的数据生成,可视作预测用的原型,因此,模型生成也就是预测性任务。

例 1.7 使用决策树生成算法解释联系人中谁是好伙伴,如图 1.1 所示,就得到了一个名为决策树的模型。可以看到,年龄大于 38 岁的人的关系一般要比那些小于或等于 38 岁的好;而 38 岁及以下联系人中 80% 以上都是关系不好的,超过 38 岁的联系人中 80% 以上则是关系好的。这个模型可用于预测一个新的联系人的关系,知道这个人的年龄就足够了。

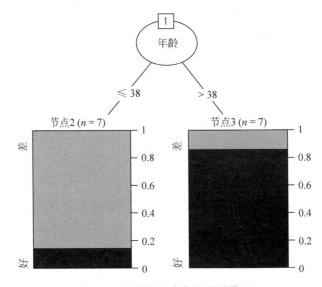

图 1.1 关系好坏分类的预测模型

现在我们对数据分析有了一个大致的概念,下面来看实际的例子。

1.6 数据使用实例

本节描述两个不同领域的实际问题,介绍本书中涉及的不同话题,后面还将有更多内容。其中一个是医疗问题,另一个是经济问题。这些问题是从关系数据可用性的角度选择的,本书的项目章节(第 7 章和第 12 章)将解决这些问题。

1.6.1 美国威斯康星州的乳腺癌数据

众所周知,乳腺癌是困扰女性的一个主要难题,可以通过细针抽吸的活体检查技术进行乳腺肿瘤的检测,用一个细针从肿瘤块中采集细胞进行研究。利用细针抽吸得到的乳腺块样品将以一组图像的形式进行记录,然后从这些图像中提取特征,得到一组数据集,目标是在这个数据集中检测乳腺肿瘤的不同形式,以便作诊断用。

1.6.2 波兰企业破产数据

本问题关注波兰企业的经济财富预测,我们能够预测哪些企业会在 5 年内破产吗? 这个问题的答案很显然和一些研究机构以及股票持有者有关。

1.7 一个数据分析项目

每个项目都需要计划,或者准确地说,需要一套做准备的方法。数据分析项目并不仅仅使用一个或多个特定的方法,它还包括:

(1) 了解要解决的问题;

(2) 定义项目的目标;

(3) 寻找必要的数据;

(4) 为了使用这些数据而做一定的准备;

(5) 找到并选择合适的方法;

(6) 调整每个方法的超参数(参见下面所述);

(7) 分析并评估结果;

(8) 重复预处理任务以及实验;

(9) 其他。

在本书中,我们假定在模型归纳时,已经赋值的超参数和参数都存在。超参数的值由用户或一些外部优化方法指定;而参数的值,则是在内部过程由建模和学习算法确定的模型参数。若区别不是很明显,我们使用参数这个说法。举例说明,超参数可能就是多层感知神经网络的激励函数和层的个数,以及 K 均值算法中的聚类个数。在训练多层感知神经网络以及 K 均值算法执行的对象分布时,反向算法中的权重就是一个参数的例子。本书后续会介绍多层感知神经网络以及 K 均值算法。

如何有序执行这些操作? 本节都是关于计划以及开发数据分析项目的方法论。

首先简单介绍数据分析方法论的历史,然后介绍两个不同的方法:

(1) 学术界的方法:KDD;

(2) 工业界的方法:CRISP-DM。

后者用于备忘单以及项目章节(第 7 章和第 12 章)。

1.7.1 数据分析方法论简史

机器学习、数据中的知识发现及相关领域在 20 世纪 90 年代经历了快速的发展,无论是学术还是工业应用,对这些方面的研究发展迅速。当然,这些领域项目的方法论(现在指数据分析)也就变得非常必要了。20 世纪 90 年代中期,学术界和工业界都提出了不同的方法论。

学术界最成功的方法论出自美国,也就是 Usama Fayyad、Gregory Piatetsky-Shapiro 以及 Padhraic Smyth 提出的 KDD 过程,尽管出自学术界,这些作者都有一定的实际工作经验。

迄今为止,工业界最成功的工具是跨行业数据挖掘标准流程(Cross-Industry Standard Process for Data Mining,CRISP-DM),该方法于 1996 年提出,随后成为 ESPRIT 资助的欧盟项目。这个项目有 5 家来自业界的成员:SPSS、Teradata、Daimler AG、NCR Corporation 以及一个保险公司 OHRA。1999 年发布了 CRISP-DM 的第一个版本,2006 年到 2008 年间尝试开启一个新的版本,但是并没有成功。目前许多从业者以及以 IBM 为代表的公司都在使用 CRISP-DM,不过,尽管大受欢迎,CRISP-DM 仍需要新的发展,以迎接大数据时代的新挑战。

还有其他一些方法,有些用于特定领域,它们假定使用给定的数据分析工具。但 SEMMA 不是这样的,尽管由 SAS 创建,它是和工具无关的。SEMMA 的每个字母都代表 5 个步骤中的一个:采样(Sample)、探索(Explore)、修改(Modify)、建模(Model)以及评估(Access)。

Kdnuggets 多年来(2002,2004,2007 以及 2014 年)发起的调查表明了这些年方法是如何使用的,如图 1.2 所示。

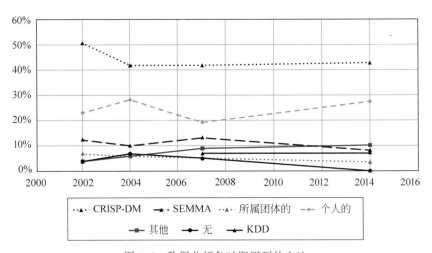

图 1.2　数据分析各时期用到的方法

下面详细介绍 KDD 过程和 CRISP-DM 方法。

1.7.2　KDD 过程

KDD 旨在成为能够应对从数据中提取知识所需所有过程的方法,提出 9 个步骤。尽管有一定的顺序,但 KDD 还是考虑了返回之前任何一个步骤的可能性,以便重新进行部分处理。

（1）学习应用域。应用域的期望是什么？问题有何特征？需要对应用域有较好的理解。

（2）构建目标数据集。问题需要什么样的数据？属性如何？如何采集并置为所需格式（如表格形式数据）？在确定了应用域之后，数据分析人员应该能确认完成项目所需的数据。

（3）数据清洗和预处理。如何处理缺失值和/或极值等异常数据？每个属性应该挑选什么样的数据类型？有必要将数据置为特定格式，如表格形式。

（4）数据缩减和投影。应该以何种特性呈现数据？对于现有的这些特性，哪些是用不上的？还需要添加什么信息（如在时间戳中增加星期几）？这一步对一些任务是很有用的，不相关的属性应该去掉。

（5）选择数据挖掘函数。应该使用什么方法？可选的4种方法包括概括、聚类、分类和回归。前两个是描述性分析的分支，后两个则是预测性分析的分支。

（6）选择数据挖掘算法。已知问题的特征和数据特征，应该使用什么方法？一般是选择特定的算法。

（7）数据挖掘。已知问题特征、数据特征以及应用方法类型，应该选择哪种方法？超参数应该置为何值？方法的选择取决于许多不同因素，如可解释性、处理缺失数据和异常数据的能力、计算效率等。

（8）解释。结果有何含义？对最终用户有何含义？这一步的目标是选择有用的结果并在应用域中进行评估，若结果不如预期，则一般需要回到之前的步骤。

（9）使用已发现的知识。如何实际应用新知识？如何用到日常生活中？这就需要将新知识融合到运行系统或报告系统中。

为了简便起见，这9个步骤一般按照顺序进行介绍，但实际上，有时需要跳过一些步骤。例如，步骤（3）和步骤（4）、步骤（5）和步骤（6）合并到一起。数据预处理的方式取决于将要使用的方法，例如，有些方法能够处理缺失数据，有些则不能。若某种方法无法处理缺失数据，我们还应该保留那些缺失数据，以免丢失某些属性或实例。另外，有些方法对异常值或极值非常敏感，此时应该去掉异常值，否则就没必要去除了。这些只是几个数据清洗和预处理任务是如何由方法决定的例子（步骤（5）和步骤（6））。

1.7.3 CRISP-DM 方法

跨行业数据挖掘标准流程（CRISP-DM）方法包含6个步骤，和KDD类似，该方法对顺序未做严格要求。尽管分为6个阶段，CRISP-DM在企业的整个生命周期中循环往复，如图1.3所示。

（1）业务理解。理解业务领域，能够从业务的角度定义问题，并最终将这种业务问题转换为分析问题。

（2）数据理解。涉及必要的数据收集和最初的可视化/概括，以得到第一印象，尤其是但不限于数据缺失或极值等数据质量问题。

（3）数据准备。涉及为建模工具准备数据集，以及数据转换、特征构建、异常值去除、缺失数据填充和不完整的实例去除等。

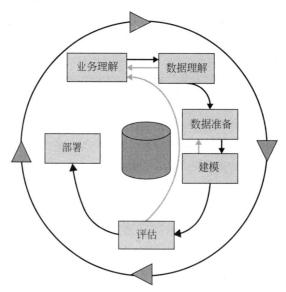

图 1.3　CRISP-DM 方法（出自 http://www.crisp-dm.org/）

（4）建模。要从分析学的角度解决具有特定数据需求的同一个问题，一般存在多个方法，可能需要方法相关的其他数据处理任务，此时有必要返回到之前的步骤。建模阶段还包括调整每个选定方法的超参数。

（5）评估。从数据分析的角度解决问题并非这个过程的重点，现在需要从业务的角度理解这个应用有何意义，换句话说，得到的结果是否满足业务需求。

（6）部署。这一步的主要目的是在业务流程中集成数据分析方案，一般就是将得到的解决方案用到决断支持工具、网站维护过程以及报告过程等。

附录 A 对 CRISP-DM 方法进行了详细介绍，按照 1.8 节的解释，可以帮助读者开发本书的第 2 部分和第 3 部分最后的项目。

1.8　本书的组织结构

本书主要内容为描述性分析（第 2 部分）和预测性分析（第 3 部分）。

第 2 部分和第 3 部分的结尾处会有一个备忘单和项目章节（第 2 部分是第 7 章，第 3 部分则是第 12 章），总结了每部分的内容且利用上面提到的两个实际问题之一（见 1.6 节）提出了一个项目。这些项目利用 CRISP-DM 方法开发，具体介绍参见 1.7.3 节和附录 A，附录 A 中的介绍更加详细。包括本章在内的其他章节，我们会使用通讯录的小数据集为例，对方法进行介绍。需要的地方会加入数据集。

包括本章、备忘单和项目在内的所有章节，都会有练习题。我们在本书的例子和练习中使用特定的软件，本书设计为 13 周的课程，每周一节课，每部分的内容稍后介绍。

第 1 部分包括本章，介绍了一些概念，简单描述了方法和一些例子。

第 2 部分介绍描述性分析和数据预处理的主要方法,涉及 5 个方法/工具系列,每章一个。第 2 章介绍描述统计,目标是按照人类容易提取知识的方式对数据进行描述,不过其描述的方法只适用于最多两个属性的数据。第 3 章将第 2 章的讨论扩展至任意个属性,这里的方法称作多元描述分析方法。第 4 章介绍的方法一般用于 CRISP-DM 方法的数据准备阶段,包括数据质量、转换数据为不同尺度或尺度类型以及降低数据维度。第 5 章介绍的方法涉及聚类,聚类是一种发现相似实例分组的重要技术,聚类用于多个领域,如获取具有相似行为客户的市场营销领域。第 6 章介绍了一种名为频繁模式挖掘的描述方法,其目的是捕获最频繁出现的模式,特别适用于零售领域的购物篮分析。

第 3 部分介绍预测性分析的主要方法。第 8 章介绍回归,也就是数量特征的预测,涉及归纳、回归和方差权衡的性能检测,还介绍了一些最常见的回归算法:多元线性回归、岭回归和 Lasso 回归、主成分分析以及偏最小乘法回归。第 9 章引入二元回归问题,介绍分类的性能测量以及基于概率和距离测量的方法。第 10 章描述预测用的更先进的方法:决策树、人工神经网络和支持向量机。第 11 章介绍最常见的集成学习算法,然后讨论算法偏差,介绍二元分类外的分类任务,以及其他预测相关的话题,如不均衡数据分类、半监督学习和主动学习。最后讨论描述和预测分析的监督解释技术的使用。

第 4 部分只有第 13 章,利用描述和预测这两种方法,简要讨论了文本、网页以及社交媒体的应用。

1.9　本书面向的对象

不管是谁,若想从任何类型的数据中提取出知识,都应该读一下本书。本书介绍的数据分析的主要概念都很容易理解,并不需要非常专业的技术背景。

尽管有些帮助,但读者无须了解统计学或编程,也不需要是计算机科学专业的学生,甚至不需要是一名学生,要学习的东西很少。不管读者是初学者还是有很深的专业背景,或者对这些分析工具掌握的程度如何,这本书都是非常适合的。就我们的经验而言,对分析数据感兴趣的人越来越多,因此编写本书的目的就是介绍数据分析的主要工具,还得让具有任何专业背景的大学生能够理解。

可以期望的是,假如读者已经熟悉了某个项目的业务领域,在读了本书之后,就可以开发一个分析项目了。读者应该能够确定必需的数据,在进行预处理及清洗、选择项目适合的方法后,将它们进行调整并加以应用,根据项目目标对结果进行评估,给予开发团队必要的部署说明。

对于没有计算机科学和/或定量分析方法专业的背景的读者,本书以一种简单的方式介绍了一些基本概念。有必要的时候,会利用图标对方法进行解释,特别要注意在选择正确的方法时应该考虑的因素,例如,知道超参数的含义有助于我们确定其数值调整策略。

总之,在读了本书后,读者可能无法开发新的方法或算法,但是希望读者能够正确使用合适的方法处理数据分析问题。

第2部分　理　解　数　据

第 2 章

描述统计学

在罗马大帝恺撒·奥古斯都时期,政府发布了一则人口调查公告,希望此次调查能够涵盖所有人,这与我们现在所做的群体研究类似,只是群体不同,如一个地区的居民、某组织中的雇员、动物园中的动物、某个机构中的汽车、某国的研发机构或一台机器生产的所有钉子等。但许多情况下,对群体中所有对象的调查是非常困难甚至是不可能的。例如,要收集一台机器曾经生产的所有钉子一般就是不可能的。对于其他情况,调查所需的成本则可能非常高,如竞选前的人口调查,除非国家非常小。

从上面的介绍来看,采样是非常重要的,通过对群体中一个子集的分析,可以按一种量化的方式对整个群体进行估计,评估某位候选人能够得到的投票数就是一个这样的例子。对样本归纳总结得到整个群体情况,这种方式需要从样本推断出群体的情况,因此称作统计推断(或归纳)。需要注意的是,我们可以从同一个群体得到许多不同的样本,因此,根据不同样本得到的群体情况也会有所区别,但若是以整个群体作为样本,那么得到的数据就是正确的了。当然,样本越多,所估计的数值就和群体数值越接近。

归纳法从样本得到整个群体,而演绎法则可以从群体中取出样本,下面举一个演绎问题的例子。对于一所大学内的所有人,若随机采样 10 个人,那么同时出现两人来自不同大洲的概率是多大。换句话说,群体已知,目标是得到 10 个样本的特点,因此这个概率就是演绎问题。

我们来回顾一下数据分析项目的典型场景,在通过结构化查询语言(Structured Query Language,SQL)得到数据样本后,我们就想对其进行深入分析。但数据量一般非常庞大,查看起来非常困难。我们可以从这些数以百计或千计的实例中得到什么信息?除了信息,我们收获更多的可能是烦恼。描述统计是统计学的一个分支,顾名思义,它通过概括和可视化提供了描述数据样本的方法。图 2.1 介绍了到目前为止涉及的概念间的关系。

数据描述和可视化的方法通常需要根据属性的个数进行分类,对单个属性的分析称为单元分析,对两个属性的分析称为双元分析,超过两个属性的就是多元分析了。

本章将介绍如何用描述分析和可视化技术对单属性和双属性的数据集进行描述,并提出几个单元分析和双元分析公式和数据可视化技术。首先来看几个用于描述数据的尺度类型。

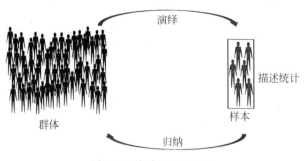

图 2.1　统计的主要领域

2.1　尺度类型

在介绍尺度类型前,先来看一个通讯录的数据,如表 2.1 所示。本章使用联系人的姓名、各自家乡上周的最高温度记录、体重、身高、性别以及与他们的关系如何等数据。

尺度类型有两大类:定性和定量,定性尺度按照名义或序数将数据分类,名义数据无法根据某个属性的大小来排序,但序数数据可以。

表 2.1　通讯录数据集

联系人	最高温度/℃	体重/kg	身高/cm	性别	关系
Andrew	25	77	175	男	好
Bernhard	31	110	195	男	好
Carolina	15	70	172	女	差
Dennis	20	85	180	男	好
Eve	10	65	168	女	差
Fred	12	75	173	男	好
Gwyneth	16	75	180	女	差
Hayden	26	63	165	女	差
Irene	15	55	158	女	差
James	21	66	163	男	好
Kevin	30	95	190	男	差
Lea	13	72	172	女	好
Marcus	8	83	185	女	差
Nigel	12	115	192	男	好

例 2.1　联系人的姓名属于名义尺度类型,关系则是序数尺度类型,这是因为我们可以按照从好到差定义一个顺序,"好"的级别要比"差"的高,而这种级别对姓名就不适用了。

数量型数据有两种尺度:绝对(比例)和相对(区间)。两者之间的差异在于绝对尺度有绝对的 0,相对尺度则没有。

例 2.2　若属性"身高"为 0,则表示身高不存在,这点对体重同样适用。但对于温度,若数值为 0℃,则并不说明温度不存在。当谈到体重时,我们可以说 Bernhard 相当于 Irene 的两倍重,但不能说 Dennis 家乡上周的最高温度是 Eve 的两倍,这也是我们用变化量而不是用比例描述某天温度变化的原因。

我们能够得到的信息取决于表述数据用的尺度类型,实际上可以按照下面的方式排列这 4 种尺度类型:最具信息的是绝对尺度,然后是相对尺度、序数尺度和名义尺度类型,如图 2.2 所示。

图 2.2　4 种尺度间的关系:绝对、相对、序数以及名义

我们还可以根据对数据值执行的操作表示数据,仅有的适用于两个名义数的操作和它们的相似度有关,换句话说,要看它们是相等(＝)还是不等(≠)。对于两个顺序值,我们还可以检查它们的顺序,确认其中一个数是否大于(＞)、大于或等于(≥)、小于(＜)、小于或等于(≤)另一个数值。对于两个相对数值,除了适用名义数的操作外,还可以确认需要将一个数值增加(＋)或减去(－)多少才能得到另外一个。最后,对于绝对数值,除了前面所述的所有操作外,还可以得到两个数的比例关系。

这也意味着以绝对尺度表示的数据可以转换为其他任意尺度类型,而相对尺度数据则可以转换为两个定性尺度类型中的任何一个,序数尺度可以转换为名义尺度,但有一点需要注意,若将数据从信息量大的类型转换为小的,会造成信息丢失。

将数据从信息量小的类型转换为大的也是可行的,只是转换后得到的信息等级受限于之前所含的信息。不过,若超参数需要定性数值,则一般需要这种转换。

例 2.3　假定属性“体重”表示为绝对尺度,单位为 kg,我们将其转换为其他任何尺度类型,具体如下。

(1) 相对尺度:体重可以转换为相对尺度,如减去 10。之前的 0 变成了－10,新的 0 则是之前的 10,这也就意味着新的 0 并不代表没有体重,新的 80kg 也不再是新的 40kg 的 2 倍,读者可以想一下这是怎么回事。

(2) 序数尺度:举例来说,我们可以定义肥胖等级。当体重大于 80kg 时为“肥胖”,大于 65kg 且小于或等于 80kg 时为“一般”,而“瘦小”则表示体重小于或等于 65kg。这样分类后,我们仍然可以将一些人定义为微胖。为什么将 65～80kg 定义为肥胖?没什么特殊原因,但参见 4.2 节的介绍,还是能找到一些依据的。

(3) 名义尺度:可以将前面的分类肥胖、一般和瘦小分别转换为 B、A 和 C。按照这种分类,我们无法根据肥胖程度将联系人排序,因为 B、A 和 C 无法进行量化。

在软件包中,我们要为每个属性选择一种数据类型,这些类型取决于所用的软件包,常用的数据类型包括文本、字符、因子、整数、实数、浮点数、时间戳和日期,还有其他几种类型。尽管有一定的关联,尺度类型和数据类型具有不同的概念。例如,定量尺度类型表示使用的是数字类型(整数、实数或浮点数),在这些数字类型中,整数等表示离散数据,浮点数和实数等则表示连续数据。

需要注意的是,属性可由数字表示,但尺度类型并不一定是定量的,它可以是名义或序数类型。假如有一个带有数字代码的卡片,但它有什么样的数量信息呢?答案是什么都没有,它只有一个代码。这个代码值最终可能只能表示这个卡片存在多长时间了。若代码是用字母表示的,它所包含的信息也是一样的。

2.2 描述单元分析

在描述单元分析中,可以得到 3 种信息:频数表、统计测量和图,本节将对这些信息进行详细介绍。

2.2.1 单元频数

为了表示其他几种度量,我们再次使用通讯录的样本数据集(见表 2.1),从同一个群体中随机取出两个样本一般会得到两个经验分布函数。

频数一般是一个计数器,绝对频数表示某个数值出现的次数,相对频数则代表某个数值出现的百分比。

例 2.4 属性"关系"的单元绝对频数和相对频数如表 2.2 所示。

表 2.2 属性"关系"的单元绝对频数和相对频数

关系	绝对频数	相对频数/%
好	7	50
坏	7	50

表 2.3 列出了属性"身高"的单元绝对频数和相对频数以及相应的累积频数,绝对和相对累积频数分别为小于或等于某个给定数值的出现次数的数值和百分比。最后一行的绝对累积频数值肯定是实例的总数,相对累积频数则为 100%,但如表 2.3 所示,由于计算过程中的中间值的舍入,结果可能会有一些误差。

表 2.3 属性"身高"的单元绝对频数和相对频数以及相应的累积频数

身高	绝对频数	相对频数/%	绝对累积频数	相对累积频数/%
158	1	7.14	1	7.14
163	1	7.14	2	14.28
165	1	7.14	3	21.42
168	1	7.14	4	28.56
172	2	14.29	6	42.85
173	1	7.14	7	49.99
175	1	7.14	8	57.13

身高	绝对频数	相对频数/%	绝对累积频数	相对累积频数/%
180	2	14.29	10	71.42
185	1	7.14	11	78.56
190	1	7.14	12	85.70
192	1	7.14	13	92.84
195	1	7.14	14	99.98

　　而对于定性尺度,若等级不是很多(属性"关系"的不同数值),这个信息就很有用了。定性尺度的重复次数一般较小,这就意味着数据可能很多,得到的数值却很少,稍后我们会看到,在使用图时,一般是没有信息的。

　　相对频数定义了分布函数,这些函数描述了数据的分布方式。表2.3中的"相对频数"列就是一个经验频数分布的例子,而"相对累积频数"列则是一个经验累积分布函数的例子,之所以称之为"经验",是因为它们是从样本中得到的。

　　整个群体的分布函数可以是概率分布函数或概率密度函数,具体是哪个由属性的数据类型决定。整数类型等离散属性具有概率质量函数,而实数类型等连续属性则具有概率密度函数,这种区别的原因在于,连续空间中确定值的概率为0。这点看起来有点奇怪,我们考虑下这个问题,若以十进制表示身高,那么你的身高是多少? 177cm? 不对,我猜你的身高已经舍入到厘米了。准确地说,你的身高是多少? 177cm加上一个无法确定的小数。这样一来,若是所有人都用最高精度(无限精度)表示自己的身高,没有任何两个人的身高是一样的,也就是说概率非常低,差不多就是0了,这也是连续属性使用概率密度函数的原因。概率密度函数统计相对密度,概率分布函数则计算相对频数。概率密度函数的一个特点在于整个区域总是1,也就是100%。

2.2.2　单元数据可视化

　　表2.4列出了单元图最常用的类型,以及它们在不同类型尺度中的应用。

表2.4　单元图

图类型	定性	定量	观察值	图示
饼图	是	否	关系 相对频数	
条形图	是	非总是	关系 绝对频数	

续表

图类型	定性	定量	观察值	图　　示
线形图	否	是	Andrew 的 5 天最高温度	
区域图	否	是	Andrew 的 5 天最高温度	
直方图	否	是	14 个联系人的昨日最高温度	

下面介绍这 5 个不同类型的图。

(1) 饼图：一般用于名义尺度，在有顺序概念的场合不建议使用，也就是序数尺度和定量尺度，尽管可能，但不建议用。

(2) 条形图：一般用于定性尺度，若存在顺序概念，等级显示在横轴中，因为一般根据大小升序排列。许多学者都表示在比较两个不同等级时，条形图比饼图要好，这是两个条的大小区别比两个扇形看起来要明显。对于一些定量尺度的情况，也会使用条形图，如某个属性可能值的大小受限的情形。假如某个骰子有 6 个面，则每个面出现的次数就可以用条形图表示(1～6 的整数值)；而对于 0～20 的整数，统计某个给定分数的学生数量则是另外一个例子。

(3) 线形图：与区域图类似，当横轴使用定量尺度，且观察值的间隔相等，则使用线形图。线形图特别适用于有时间概念处理的场合，非常适合表示时间序列，也就是按照时间顺序得到的数值。表 2.4 中列出了 Andrew 家乡连续 5 天的最高温度(图中使用的这些数据并没有列在表 2.1 中)。在现实生活中，我们经常会看到用线形图分析股票市场上资产的演变，或者分析一段时间内某个国家的婴儿出生率，以及一个国家的 GDP 如何随时间变化。

(4) 区域图：区域图用于比较时间序列和分布函数，图 2.3 列出了几个概率密度函数，对数据分布的理解可以帮助我们深入理解属性。例如，我们可以看到某个数值更加集中，而其他数值则较为分散。

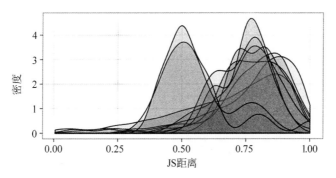

图 2.3 用于比较多个概率密度函数的区域图实例

（5）直方图：用于表示具有定量尺度的属性的经验分布。直方图的特点是将数据以单元分组，这样也就降低了定性尺度数据常见的稀疏度。如图 2.4 所示，直方图所含的信息比条形图要多。

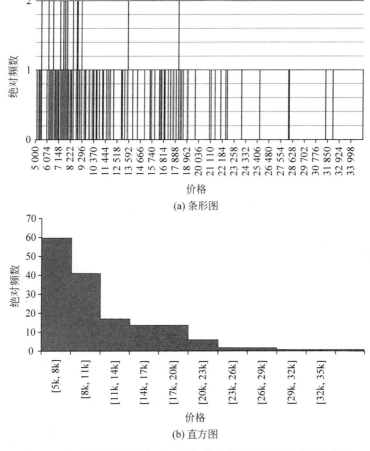

图 2.4 有（直方图）和没有（条形图）单元定义的价格绝对频数分布

在绘制直方图时,确定数据单元的个数是非常重要的(表2.4中的数量是11),这个数量对图的影响很大,实际数据要根据具体的问题进行分析。作为一个经验法则,这个数大概是数值个数的立方根。在定义数据单元时,通常的做法是列间不留空隙,使直方图保留设想的连续性的概念。尽管不是最佳选项,使用大小相同的数据单元更加容易。若某个数据单元具有较大的宽度,为了保持其面积不变,其高度应该降低。例如,若宽度比标准单元加倍,则高度就应该降到之前的一半。

关于直方图还要注意最后一点,别忘了使用自己的判断力。数据单元定义限制成[8.8,13.3]是没有意义的,[10,15]则容易记忆,因此更好。

到目前为止,我们看到的所有分布函数,都是基于数据样本的相对或绝对频数。对于累积分布函数,我们来考虑下经验分布和概率分布有何区别,请记住,经验分布基于样本,而概率分布则是针对整个群体的。

图2.5列出了一个基于样本的累积分布,群体的概率密度分布已知(如图所示)。经验累积概率分布的逐级性非常典型,且容易理解,这有以下两个原因。

(1) 经验分布只有群体中一些数值,因此是跳变的。

(2) 在获取数据时所用的数据精度是预先定义好的(如高度可由厘米表示),这样就会在群体(无限精度)中不存在的数字间产生空隙。

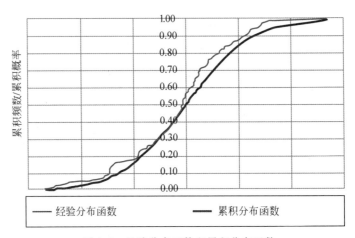

图2.5　经验分布函数和累积分布函数

累积函数信息量丰富,但要习惯阅读它们。需要注意的是:线越水平,横块表示的频数越小;越垂直,则频数越大。

如何设计一个群体的概率分布?需要访问群体的所有实例吗?在实际应用中,相当多的场景都符合已知且已定义好的函数,因此,尽管上面问题的答案和具体情况有关,许多情形下这个答案都是否定的,参见2.2.4节,我们并不需要访问某个给定群体的所有实例,但在本节之前,介绍了一些样本或群体用的最常见的描述符,这些描述符也称作统计,单个属性的统计也称作单元统计。

如图 2.6 所示,在开始 2.3 节之前,我们还可以在一幅图中表示两个属性组合值的频数,表 2.1 中的"关系"值被"性别"分为了两个,这种图也称作堆叠条形图。

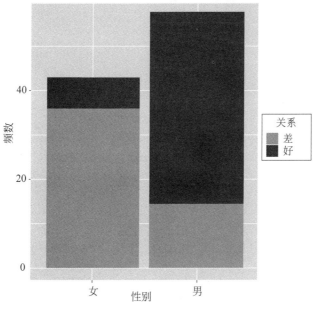

图 2.6 "关系"被"性别"分割的堆叠条形图

2.2.3 单元统计

一个统计量就是一个描述符,以数字形式表示某个群体样本的特点,单元统计有两种:位置单元统计和离散单元统计。

1. 位置单元统计

位置单元统计决定了特定位置的一个数值,一些著名的位置单元统计有最小值、最大值和均值等。

(1) 最小值。

(2) 最大值。

(3) 均值:平均值,将所有数值相加后除以数值个数。

(4) 众数:频数最大值。

(5) 第一四分位数:大于所有数值中 25% 的数。

(6) 中位数或第二四分位数:大于所有数值中 50% 的数,这个数值将序列分为两个大小相等的子序列。

(7) 第三四分位数:大于所有数值中 75% 的数。

均值、中位数和众数称作集中趋势测量,因为它们返回一组数据的中间值。

例 2.5 以数据集（见表 2.1）中的属性"体重"为例，上面提到的每个数据统计数值如表 2.5 所示。

表 2.5　体重的位置单元统计

位置单元统计	体重/kg
最小值	55.00
最大值	115.00
均值	79.00
众数	75.00
第一四分位数	65.75
中位数或第二四分位数	75.00
第三四分位数	87.50

图 2.7 是它们的图形表示方式。

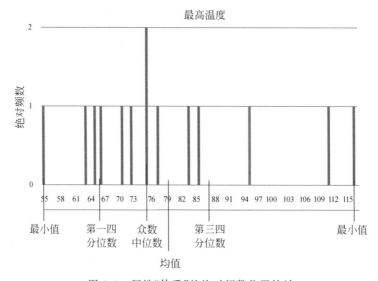

图 2.7　属性"体重"的绝对频数位置统计

不过，还有其他更加常用的位置统计的图形表示方式，如箱形图，其包含最小值、第一四分位数、中位数、第三四分位数和最大值，很明显这是从左到右或从下到上的顺序。

例 2.6　如图 2.8 所示，属性"身高"由箱形图表示，底部和顶部的点分别表示最小值和最大值，每个箱体的底部和顶部分别表示第一四分位数和第三四分位数，箱体中间的水平线为中位数，每个点离得越近，就表示这些点出现的频数越高。例如，对于第一四分位数和中位数间的距离，可以在其中找到 25% 的数据。

均值、中位数和众数是集中趋势的度量。我们应该在什么时候使用它们？表 2.6 列出了根据尺度类型可以使用哪些集中趋势统计。

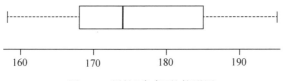

图 2.8 属性"身高"的箱形图

表 2.6 根据尺度类型的集中趋势统计

位置统计	名义尺度	序数尺度	定量尺度
均值	否	见下文	是
中位数	否	是	是
众数	是	是	是

还应提出一些其他意见,如下。

(1) 箱形图也可以用来描述一个属性分布的对称/偏态程度。如图 2.8 所示,属性"身高"的值是右偏的,这意味着图中高于中位数的值比低于中位数的值更多。如果中位数接近箱体中心,则数据分布通常是对称的,数值在低部和高部的分布也类似。

(2) 作为集中趋势统计量,中位数或众数比极值或强偏态分布下的均值更稳健。图 2.9 显示了对称和非对称的分布以及各自的集中趋势统计数据的位置。可以看到,中位数、众数和均值在对称分布中具有相同的值。具有单个众数的分布称为单峰分布。

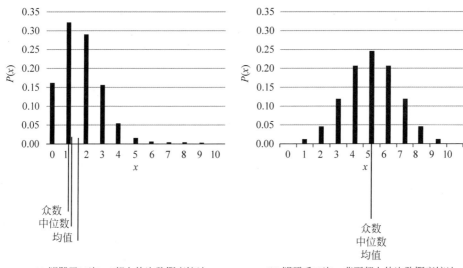

(a) 掷骰子10次,1朝上的次数概率统计 (b) 掷硬币10次,背面朝上的次数概率统计

图 2.9 非对称和对称单峰分布的集中趋势统计

(3) 当数据非常稀疏时,也就是当每个值的观察值都很少时,众数是没有用的。这在我们使用定量尺度时很常见,尤其是在连续数据类型中。

(4) 当观察值 n 为奇数时,中位数很容易得到,只要根据数值对观测结果进行排序,中位数是位置$(n+1)/2$的数值。但如果n是偶数,中位数就是$n/2$和$(n/2)+1$两个位置的均值。

(5) 虽然均值严格来说并不适合序数尺度,但在某些情况下,也就是使用 Likert 尺度时,会用到均值。Likert 尺度在调查中很流行,它使用一个有序的范围,如$1\sim7$的整数,表示最不一致(1)到最一致(7)的级别。尽管在图 2.10 的示例中,这些值代表一个序数,但它们也可以被解释为一致/不一致的数量。在这种情况下,Likert 尺度在某些方面可以看作是定量尺度。但这个观点是有争议的,统计学家之间没有达成一致。在文献中可以找到关于均值和 Likert 尺度用法的讨论。

请根据下列给定信息圈出最符合你的经验的数字

我对它满意
非常不同意 1 2 3 4 5 非常同意

它用起来很简单
非常不同意 1 2 3 4 5 非常同意

它的图形很好
非常不同意 1 2 3 4 5 非常同意

它符合我的期望
非常不同意 1 2 3 4 5 非常同意

一切都有意义
非常不同意 1 2 3 4 5 非常同意

图 2.10　Likert 尺度实例

(6) 图也可以组合,"身高"属性的箱形图和直方图的组合如图 2.11 所示。横轴上方的每个竖条对应于"身高"属性的一个值。

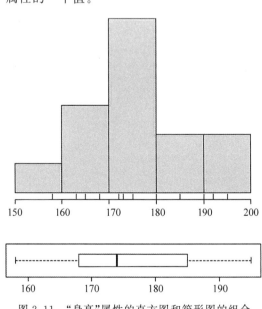

图 2.11　"身高"属性的直方图和箱形图的组合

样本和群体都有统计数据。给定一个群体,该群体的特定统计数据只有一个值。样本的情况也是相同的,给定一个样本,该样本的统计量也只有一个值。因为对于一个群体,可以有多个样本,对于这个群体,给定的统计量只有一个群体值,但是对于同一个统计量有多个样本值(每个样本一个)。

统计数据有不同的表示法,这取决于它们是群体统计数据还是样本统计数据。到目前为止计算的统计数据对样本和群体使用相同的计算方法,但是符号不同。应该特别注意均值的符号,因为它会在其他公式中用到。属性 x 的群体均值表示为 μ_x,样本均值则表示为 $\bar{x}$。

2. 离散单元统计

离散统计度量不同值之间的距离,最常见的离散单元统计如下。

(1) 幅度:最大值与最小值之差。

(2) 四分位数范围:第三四分位数与第一四分位数之差。

(3) 平均绝对偏差(Mean Absolute Deviation,MAD):测量观察值与平均值之间的平均绝对距离。群体的平均绝对偏差计算式为

$$\text{MAD}_x = \frac{\sum_{i=1}^{n} |x_i - \mu_x|}{n} \tag{2.1}$$

其中,n 为观察值的数量;μ_x 为均值。此时观察值与均值之间的距离与 MAD 呈线性关系。例如,距离均值为 4 的观察值和距离均值都为 2 的两个观察值会使 MAD 增加同样的大小。

(4) 标准差:标准差是观察值和均值间典型距离的另一种度量,其计算式为

$$\sigma_x = \sqrt{\frac{\sum_{i=1}^{n} (x_i - \mu_x)^2}{n}} \tag{2.2}$$

其中,n 为观察值的数量;μ_x 为均值。此时观察值与均值之间的距离对标准差的贡献是该距离的平方。例如,距离均值为 4 的一个观察值比距离均值都为 2 的两个观察值对 σ 的增加更多。样本偏差的平方称为方差,表示为 σ^2,其衡量的是均值附近的群体值的分布情况。

所有这些离散统计数据只对定量尺度有效。

平均绝对偏差公式和标准差假设 μ_x 的值已知。但对于某个样本,我们一般会知道 $\bar{x}$,而不是 μ_x。在这种情况下,会有 $n-1$ 个和 $\bar{x}$ 相关的独立值,而不是 n 个。考虑一个具有 3 个观察值的例子,假如其中两个的数值为 1 和 2,且 3 个观察值的平均值为 2,那么第 3 个表示为 x 的值为多少?由于 $(1+2+x)/3=2$,则 $1+2+x=6$,从而得到第 3 个数值为 3,也就是说只有两个和 $\bar{x}$ 相关的独立值。由于这个原因,利用下面的公式计算样本平均绝对偏差 $\overline{\text{MAD}}$ 以及样本标准差。

$$\overline{\text{MAD}}_x = \frac{\sum_{i=1}^{n} |x_i - \bar{x}|}{n-1} \tag{2.3}$$

$$s_x = \sqrt{\dfrac{\sum\limits_{i=1}^{n}(x_i - \bar{x})^2}{n-1}} \tag{2.4}$$

样本方差用 s^2 表示，也就是 s 的平方。

例 2.7 再次以"体重"属性为例，计算离散度统计量（见表 2.7）。由于示例数据集是一个样本，因此使用样本平均绝对偏差和样本标准差的公式。

表 2.7 "体重"属性的离散单元统计

离散单元统计	体重/kg
振幅	60.00
四分位数范围	21.75
$\overline{\text{MAD}}$	14.31
s	17.38

2.2.4 常见的单元概率分布

每个属性都有自己的概率分布，许多常见的属性都遵循已知的分布函数。常见的概率分布有很多，可以在任何关于统计的介绍性书籍中找到。

下面介绍两种分布：均匀分布和正态分布，后者也称为高斯分布。它们都是连续分布，都有已知的概率密度函数。

1. 均匀分布

均匀分布是一个非常简单的分布。在给定的区间内，数值的出现频数是均匀分布的。参数 a 和 b 分别为区间的最小值和最大值，且参数分布均匀的属性 x 记为

$$x \sim \mathrm{U}(a, b) \tag{2.5}$$

知道了分布，就有可能设计它的概率密度函数（见图 2.12）并计算概率，概率度量属性接受一个值或一个值范围的可能性。概率之于群体，犹如相对频数之于样本。在样本中，我们讨论比例（相对频数）；而对于群体，我们则讨论概率。前面已经解释过了，在一个连续的群体中，等于给定值的概率总是 0。因此，在连续分布中，概率是按区间计算的。以 0 和 1 之间的随机数生成为例，这也是许多计算器用到的函数。此时我们可以说随机数 $x \sim \mathrm{U}(a=0, b=1)$，$x < 0.3$ 的概率由该区域占据的比例决定，如图 2.12 所示。

其数学表达式为

$$P(x < x_0) = \begin{cases} 0, & x_0 < a \\ \dfrac{x_0 - a}{b-a}, & a \leqslant x_0 \leqslant b \\ 1, & x_0 > b \end{cases} \tag{2.6}$$

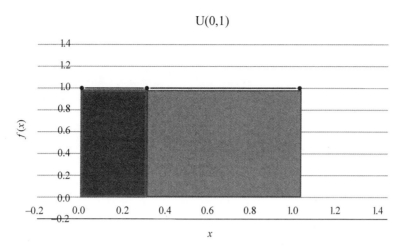

图 2.12 概率密度函数 $f(x)$，$x \sim \mathrm{U}(0,1)$

均匀群体的均值和方差分别为

$$\mu_x = \frac{a+b}{2} \tag{2.7}$$

$$\sigma_x^2 = \frac{(b-a)^2}{12} \tag{2.8}$$

2. 正态分布

正态分布也称为高斯分布，是最常见的分布，至少对于连续属性是这样的。这是因为统计学中有一个重要定理，即中心极限定理，它是归纳学习中许多方法的基础。被认为是许多独立因素（如人的身高或 30 年橡树的周长）之和的物理量通常具有近似正态分布。正态分布为对称连续分布，如图 2.13 所示，它有两个参数：均值和标准差。均值位于钟形分布的最高点，而标准差定义了钟形分布的宽度。若属性 x 服从正态分布，则可以表示为：$x \sim \mathrm{N}(\mu_x, \sigma_x)$。

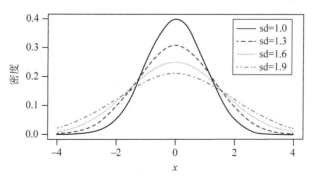

图 2.13 不同标准差（sd）的概率分布函数，$x \sim \mathrm{N}(0, \sigma = \mathrm{sd})$

2.3 描述性双元分析

本节讨论属性对及其相对行为。它是根据属性的规模类型来组织的：定量的、名义的和序数的。当属性对中的一个属性是定性的，即名义的或序数的，而另一个是定量的，就可以使用箱形图(参见 2.2.3 节内容)。

2.3.1 两个定量属性

在对象有 n 个属性的数据集中，每个对象都可以在 n 维空间中表示：一个有 n 个轴的空间，每个轴表示一个属性。一个对象所占的位置由它的属性值给出。

有几种可视化技术可以直观地显示具有两个定量属性的点的分布，其中一种技术是直方图的扩展，称为三维直方图。

例 2.8 图 2.14 展示了属性"体重"和"身高"的三维直方图，说明了表 2.1 中这两个属性值出现的频数。

但是，根据这两个属性的特定组合的频数，可以隐藏一些条。

另一种选择是使用散点图，散点图说明了两个属性的值是如何关联的。利用散点图，查看一个属性如何随着另一个属性变化成为可能。

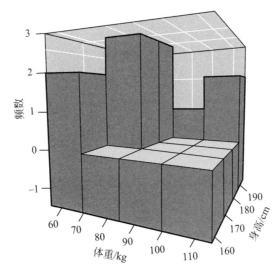

图 2.14 属性"体重"和"身高"的三维直方图

例 2.9 图 2.15 所示为属性"体重"和"身高"的散点图。一个普遍的趋势是，体重大的人较高，体重小的人较矮。

这些关系存在的程度(也就是当第 2 个属性改变时，属性如何变化)由它们之间的协方差来衡量。当两个属性有相似的变化时，协方差为正；而如果两个属性以相反的方向变化，则协方差为负,该值取决于属性的大小;如果它们看起来有独立的变化,协方差值趋于零。必须注意的是,只能捕捉到线性关系。方差可以看作是协方差的一个特例:它是一个属性与自身的协方差。

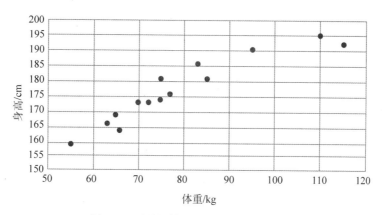

图 2.15　属性"体重"和"身高"的散点图

两个属性 x_i 和 x_j 之间的协方差计算式如下。式中,x_{ki} 和 $\bar{x}_i$ 分别为属性 x_i 的第 k 个值和均值。

$$s_{ij} = \operatorname{cov}(x_i, x_j) = \frac{1}{n-1} \sum_{k=1}^{n} (x_{ki} - \bar{x}_i)(x_{kj} - \bar{x}_j) \tag{2.9}$$

虽然协方差是表示两个属性值之间关系的一种有用的度量方法,但是属性值范围的大小影响得到的协方差值。当然,可以将属性规范化为相同的间隔。但是,还有一个类似的度量方法不受这个缺陷的影响——相关度量。两个属性之间的线性相关,也称为 Pearson 相关,可以更清楚地表示属性之间的相似性,通常比协方差更合适。

图 2.16 展示了 A 和 B 两个属性之间的 3 个相关实例:正相关、负相关和不相关。可以看出,属性的相关度越高,点的排列越接近直线。

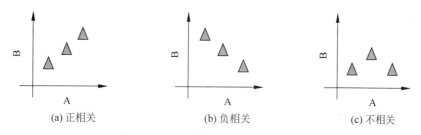

图 2.16　两个属性间的 3 种相关实例

为了计算属性 x_i 和 x_j 之间的 Pearson 相关关系,可以使用式(2.10),其中 $\operatorname{cov}(x_i, x_j)$ 为协方差方程,s_i 和 s_j 分别为属性 x_i 和 x_j 的样本标准差。

$$r_{ij} = \operatorname{cor}(x_i, x_j) = \frac{\operatorname{cov}(x_i, x_j)}{s_i s_j} \tag{2.10}$$

Pearson 相关关系评估属性之间的线性相关关系。如果这些点在一条递增的直线上，Pearson 相关系数值为 1；如果这些点在一条递减的直线上，则其值为 −1；值为 0 表示点形成水平线或云，没有任何增加或减少的趋势，这就意味着这两个属性之间不存在 Pearson 相关性。正值表示两个属性之间存在正趋势，当它越来越接近一条直线时，Pearson 相关值就越来越接近 1。同样地，负值表示负趋势的存在，当趋势越接近直线时，Pearson 相关系数越接近 −1。

例 2.10 在这个例子中，体重和身高之间的 Pearson 相关系数值是相当高的，$p_{x,y} = 0.94$。

相关函数有多种，最常用的是 Pearson 相关和 Spearman 等级相关。两者相关系数的值都在 $[−1, 1]$ 内。

顾名思义，Spearman 等级相关是基于等级的，它不评估点形成形状的线性程度，而是比较两个属性的有序列表。Spearman 等级相关系数的计算与 Pearson 相关系数类似，但不使用数据值，而是利用数据值的等级 rx 和 ry。

$$r_{x,y} = \frac{\sum_{i=1}^{n} \sum_{j=1}^{n} \left[(\mathrm{rx}_i - \overline{\mathrm{rx}})(\mathrm{ry}_i - \overline{\mathrm{ry}}) \right]}{s_{\mathrm{rx}} s_{\mathrm{ry}}} \tag{2.11}$$

其中，n 为数据对的个数。

例 2.11 属性"体重"和"身高"的等级排序如表 2.8 所示。当两者相等时，所使用的值是它们不相等时所占位置的平均值。等级是递增的。得到的数据是 $r_{x,y} = 0.96$，甚至高于 $p_{x,y} = 0.94$。

表 2.8 属性"体重"和"身高"的等级值

体重	身高	体重	身高
1.0	1.0	9.0	8.0
4.0	2.0	7.5	9.5
2.0	3.0	11.0	9.5
3.0	4.0	10.0	11.0
5.0	5.5	12.0	12.0
6.0	5.5	14.0	13.0
7.5	7.0	13.0	14.0

理解这两个系数之间的差异是很重要的。图 2.17 给出了一个例子，其中 Spearman 等级相关系数为 1，Pearson 相关系数为 0.96。你知道为什么吗？能找到一个例子使 x 和 y 属性的 $p_{x,y} = 1$ 且 $r_{x,y} < 1$ 吗？

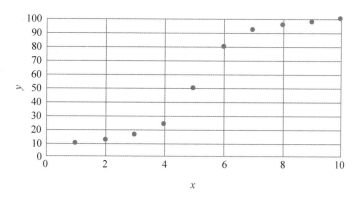

图 2.17　属性 x 和 y 的散点图

2.3.2　两个定性属性,其中至少有一个是名义属性

当属性都是定性的,且至少有一个名义属性时,将使用列联表。列联表提供了联合频数,便于识别两个属性之间的交互。它们具有类似矩阵的格式,其中单元格为方形,标签位于左侧和顶部。最右边的一列是每行的总数,而最下面的一列是每列的总数,右下角则是值的总数。

例 2.12　图 2.18 所示为属性"性别"和"关系"的列联表,这个例子使用绝对联合频数,也可以使用相对联合频数。从图 2.18 中可以看出,被认为关系好的人中有 6/7 是男性,而女性只有一名,被认为关系差的 7 人中有两名男性以及 5 名女性。同样的数据可以解读为 8 个人中有 6 个关系好,两个关系差;6 名女性中有 5 个关系差,只有一名关系好;有 8 男 6 女,共 14 人,其中 7 人关系好,其他 7 人关系差。

马赛克图基于列联表,以更吸引人的视觉方式显示相同的信息。显示的区域与它们的相对频数成正比。

例 2.13　图 2.19 使用与图 2.18 相同的数据。根据男性和女性的频数,男性(M)的横条大于女性(F)的横条,面积最大的矩形代表关系好,它是列联表中频数最大的单元格(见图 2.18)。

		关系		
		好	差	
性别	男	6	2	8
	女	1	5	6
		7	7	14

图 2.18　具有"关系"和"性别"属性的绝对联合频数的列联表

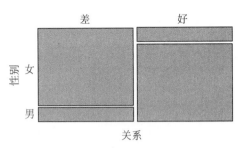

图 2.19 "关系"和"性别"的马赛克图

2.3.3 两个序数属性

前面介绍的任何用于双元分析的方法也可以用于具有两个有序属性的情形,但要注意以下几点。

(1) 应该使用 Spearman 等级相关,而不是 Pearson 相关。

(2) 带有序数属性的散点图通常会出现这样的问题:有许多值落在同一点上,使得无法计算每个点的值的数量。为了避免这个问题,一些软件包使用了抖动效应,它给数值增加了一个随机偏差,使评估云的大小成为可能。

(3) 可以使用列联表和马赛克图,值应该是递增的。

2.4 本章小结

本章描述了如何通过简单的统计度量、可视化方法和概率分布总结数据集的主要特征,它集中于具有一个或两个属性的数据集。在统计量方面,介绍了频数、位置统计和离散统计等,如均值、中位数、众数、四分位数、振幅、方差和标准差。以直方图、箱形图、散点图等形式说明了可视化的一些措施。使用少量属性是有意为之的,以便更容易地描述一些重要度量。

我们现在知道,大多数实际数据集有两个以上的属性。第 3 章将介绍如何分析多元数据,也就是具有两个以上属性的数据。

2.5 练习

(1) 下列例子中最适合的尺度是什么?

- 大学生考试成绩
- 医院急诊室的紧急程度
- 动物园动物的分类
- 大气中的二氧化碳含量

（2）给出表 2.1 中属性"体重"的绝对频数、相对频数和各自的累积频数。

（3）根据表 2.1 为下列属性选择最合适的图。

- 体重
- 性别
- 每种性别的体重

（4）根据表 2.1 绘制"身高"属性的直方图。

（5）根据表 2.1 计算属性"体重"和"性别"的位置单元统计和离散单元统计。

（6）针对下列例子，你会选择哪一种集中趋势的度量方法，并说明原因。

- 公交车在某给定路线的运行次数
- 学生考试分数
- 商店出售的裤子的腰围尺寸

（7）下列属性的概率分布是什么？

- 成年男性的体重
- 0～3 等概率随机生成的值

（8）在如图 2.20 所示的散点图中，如何对两个属性之间的关系类型进行区分？

（9）为表 2.1 中的属性"性别"和"关系"创建列联表。

（10）根据表 2.1 中的联系人列表，计算"最高温度"和"体重"属性之间的协方差和相关性。

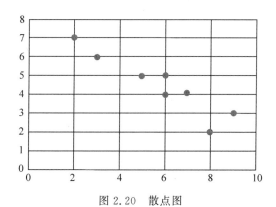

图 2.20 散点图

第 3 章

描述性多元分析

我们在联系人数据集中已经看到了，在现实生活中，属性的数量通常超过两个，可以是数十、数百个甚至更多。实际上，以生物学为例，具有数百甚至数千个属性的数据集是很常见的。当一个数据集的分析涉及两个以上的属性时，称为多元分析。与单元分析和双元分析一样，频数表、统计手段和图表可以用于多元分析。

因此，我们在第 2 章中为单元分析和双元分析描述的一些方法既可以直接使用，也可以修改为使用任意数量的属性。当然，属性的数量越大，分析就越困难。必须要注意的是，用于两个以上属性的所有方法也可以用于两个或一个属性。

为了说明本章中描述的用于多元分析的方法，如表 3.1 所示，我们向第 2 章私人通讯录数据集添加一个新的属性。由于这个表有 7 列，我们的多元分析最多可以使用 7 个属性。列（属性）包括联系人、他们的家乡前一个月的最高温度记录、体重、身高、认识他们的时间（年数）以及性别，最后是对关系的评价。

接下来，我们将介绍第 2 章 3 种数据分析方法（频数、可视化和统计）中的简单多元方法，以及展示如何将它们应用于这个数据集。

表 3.1　包含身高和体重的私人通讯录数据集

联系人	最高温度/℃	体重/kg	身高/cm	年数	性别	关系
Andrew	25	77	175	10	男	好
Bernhard	31	110	195	12	男	好
Carolina	15	70	172	2	女	差
Dennis	20	85	180	16	男	好
Eve	10	65	168	0	女	差
Fred	12	75	173	6	男	好
Gwyneth	16	75	180	3	女	差
Hayden	26	63	165	2	女	差
Irene	15	55	158	5	女	差
James	21	66	163	14	男	好
Kevin	30	95	190	1	男	差
Lea	13	72	172	11	女	好
Marcus	8	83	185	3	女	差
Nigel	12	115	192	15	男	好

3.1　多元频数

每个属性的多元频数值都能独立计算。可以用一个矩阵表示每个属性的频数值,其中的行数是属性假设的值的数量,列数是频数值,表 2.3 中属性"身高"就是这样的一个例子。

第 2 章已经介绍过了,根据属性值是离散的还是连续的,分别用概率质量函数或概率密度函数定义属性值。定性和定量尺度使用不同的方法,不过,对于每个属性,可以采取以下频数度量。

- 绝对频数
- 相对频数
- 绝对累积频数
- 相对累积频数

3.2　多元数据可视化

我们已经看到,对于单元分析和双元分析,使用可视化技术表示数据和实验结果理解起来更容易一些。但是,第 2 章中涉及的大部分图表不适用于两个以上的属性。

好消息是,前面的一些图表可以进行扩展,以表示少量的其他属性。此外,新的可视化方法和技术不断被创造出来,以处理新的数据类型、解释结果的新方法和新的数据分析任务。根据属性的数量以及表示数据的空间和/或时间的需要,可以使用不同的图。本节探讨如何以不同的方式可视化多元数据,以及这些替代方法的主要优点。

若多元数据有 3 个属性,或者只能从一个多元数据集分析 3 个属性时,仍然可以在二元图中显示数据,将第 3 个属性的值与图中每个数据对象的表示方式联系起来。如果第 3 个属性可量化,则该值可以用图中对象的大小表示。

例 3.1　如图 3.1 所示,图中每个对象的大小与该对象的第 3 个属性数值成比例。

另外,如果第 3 个属性是定性的,则它的值可以在图中表示为物体的颜色或形状。而颜色或形状的数量将是属性可以假定的数值数量,在分类任务中,一般利用颜色和形状表示类标签。

图 3.2 中有两个图,其中第 3 个属性是定性的。右图将每个定性值表示为不同的形状,左图则用不同的颜色表示每个定性值。

另一种表示 3 个属性的方法是使用三维图,其中每个轴关联一个属性。如果这 3 个属性是定量的,那么这种方法就更有意义,因为相应属性的值可以在每个轴上表示,假设它们满足某种排列顺序。图 3.3 展示了一个使用联系人数据集的 3 个定量属性的三维图示例。

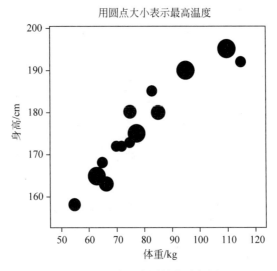

图 3.1 具有 3 个属性的对象图

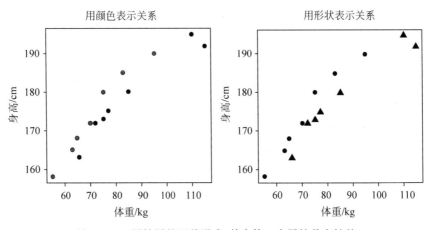

图 3.2 三属性图的两种形式,其中第 3 个属性是定性的

有人可能会问,3 个以上属性之间的关系应该如何表示？一种直接的方法是修改图 3.3 中的三维图形,通过所画对象的大小、颜色或形状表示第 4 个属性。图 3.4 中的属性使用不同的颜色表示。

尽管我们也可以使用三维图以及不同的格式和颜色表示前面图中两个以上的预测属性,但是并不是所有的图都允许这样做,或者,当这么处理时,得到的图可能会非常混乱。例如,根据所选的图,颜色和形状无法保留定量值的原始顺序和大小,只有不同的值。此外,一些定性的值也不会自然地由不同的对象大小来表示。

因此,若属性超过 4 个,就应该使用不同的图。还有一些图专门针对两个以上的定量属性,它们通常描述数据集的数量属性。其中最流行的是平行坐标图,也称为剖面图。数据集中的每个对象都由一组穿过若干等距平行垂直轴的行序列表示,每个轴代表一个属性。将每个对象的线连接起来,然后用连续的直线表示每个对象,这些直线具有向上和向下的斜率。对于特定对象,这些线和垂直轴相连,且其位置和轴相关的属性值成比例,属性值越大,则位置越高。

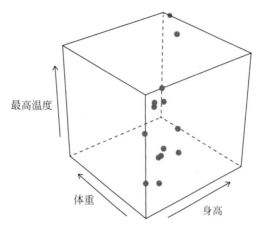

图 3.3　联系人数据集中的三属性图

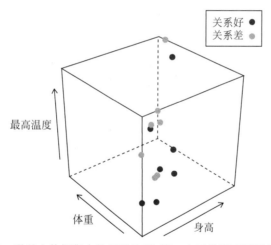

图 3.4　联系人数据集中的四属性图,第 4 个属性用不同颜色表示

　　例 3.2　图 3.5 是 4 个联系人的平行坐标图,使用了 3 个定量预测属性。数量属性在垂直轴上与其值相关的位置。每个对象都由一组线表示,这些线以表示属性值的高度穿过垂直轴,很容易就能看到每个对象的属性值。从图 3.5 中可以看出,其中 3 个对象的属性值具有相似的模式,这与第 4 个对象的属性值有很大的不同。图 3.5 中还显示了每个属性的最小值和最大值,也就是每个垂直轴上的最大值和最小值。

　　如图 3.6 所示,当我们添加更多的对象和属性时,这些线会相互交叉,分析的难度也会加大。还可以看出,定性属性可以用平行坐标图表示。此时纳入了定性属性“性别”,由于它只有两个值:男和女,所以所有对象都位于垂直轴上的两个位置之一。

简单平行坐标

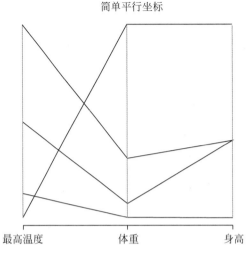

最高温度　　　　　体重　　　　　身高

图 3.5　三属性平行坐标图

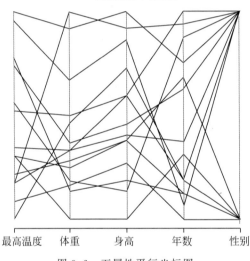

最高温度　　体重　　　身高　　　年数　　　性别

图 3.6　五属性平行坐标图

　　尽管平行坐标图看起来很混乱,但是我们可以为每个类分配一种颜色或样式,绘制相应对象的线条,从而简化对平行坐标图中的数据分析。因此,相同类对象的线条序列的颜色或样式也是一样的。图 3.7(a)对前一个图进行了修改,使用实线表示关系好的联系人,虚线则表示关系不好的。即使做了这样的修改,对图中的信息进行分析也是相当困难的。

　　这些图解释起来是否容易,取决于所使用的属性的顺序。如果来自不同对象的线条不断交叉,就很难从图中提取信息,改变绘制属性的顺序则可以减少交叉。如图 3.7(b)所示,水平轴上属性的顺序变化了,理解起来也稍微容易些。

　　平行坐标图中的每条线代表一个对象,若对象不多,且希望对它们逐个查看,那么可以

使用另一个图,也就是星图(也称为蛛网图或雷达图)。图 3.8 所示为包含了 4 个定量属性
(最高温度、身高、体重和年数)的星图。为了避免图中属性值较大的情况,所有属性的值都
统一为[0.0,1.0]区间。当一个属性的值接近 0.0 时,其对应的星将由于太靠近中心而无法
被看到。这一点在标有"Irene"的星上很明显,从表 3.1 可以看出,Irene 的一些属性值最小。

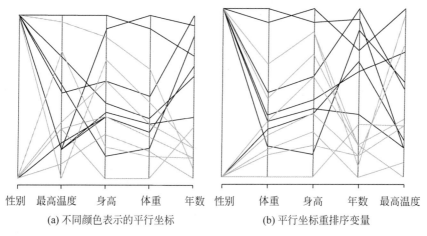

(a) 不同颜色表示的平行坐标　　　　　　(b) 平行坐标重排序变量

图 3.7　多属性平行坐标图

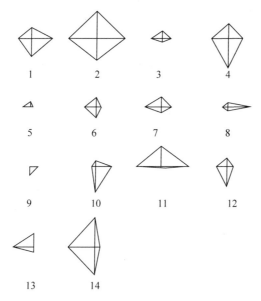

图 3.8　联系人数据集中每个对象的各属性数值的星图

定性属性也可以用星图表示,但由于它们的值很少,定性属性的点的变化很少,我们也
可以在星图中标记每颗星。图 3.9 显示了 5 个属性(最高温度、身高、体重、年数和性别)的
两个星图,混合了定量和定性属性。在图 3.9(a)中,每颗星都用联系人的名字进行了标记;
在图 3.9(b)中,每个对象则都用自己的类标记。

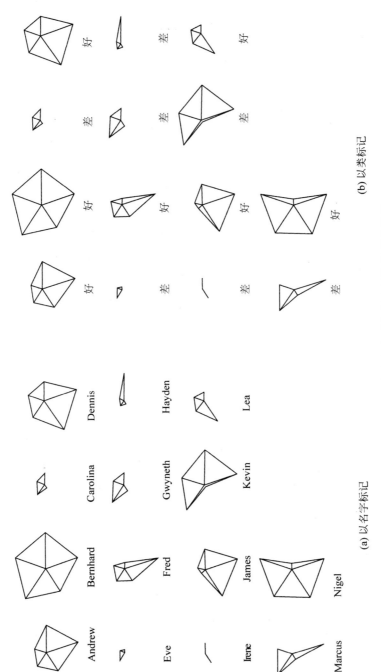

(a) 以名字标记

(b) 以类标记

图 3.9　联系人数据集中每个对象的各属性数值的星图

　　即使有了这些改动,使用星图识别联系人属性值之间的差异的方式仍然不是很直观。利用人类识别人脸的能力,Herman Chernoff 提出了使用人脸表示对象,这种方法现在称为 Chernoff 脸谱。每个属性都与人脸的不同特征相关联,如果属性的数量小于特性的数量,则每个属性可以与不同的特性相关联。图 3.10 显示了如何使用 Chernoff 脸谱表示联系人数据集,其中使用了属性"最高温度""身高""体重""年数"和"性别"。

以联系人姓名作为标签

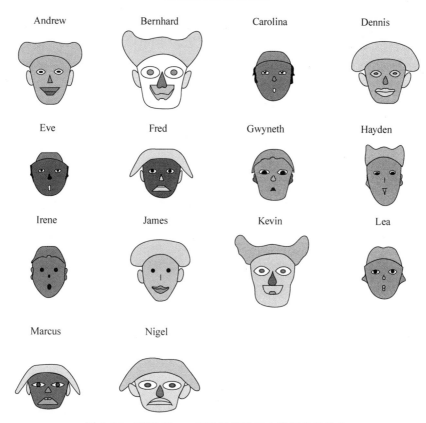

图 3.10　利用 Chernoff 脸谱将联系人数据集形象化

　　Chernoff 脸谱对于聚类也很有用,我们将在第 5 章中看到,它们可以用来说明每个聚类的关键属性。

　　还有其他几个图也很有用,可以从不同角度查看数据集。例如,可以使用流图查看数据分布如何随时间变化。数据可视化是一个非常活跃的研究领域,并在最近几十年得到了迅速发展,使数据分析更简单和更全面的新方案也在不断出现。

　　交互式可视化绘图的开发和使用是这一领域的一个趋势,用户与绘图进行交互使可视化信息更有用。例如,用户可以利用三维图形查看位置。有关数据可视化的进一步信息,建议读者查阅数据可视化方面的文章。

3.3 多元统计

乍一看,从两个以上的属性中提取统计度量似乎很复杂。不过,多元统计只是第 2 章所述的单元统计的一个简单扩展。我们将看到,以前描述的单元分析和双元分析的一些统计度量,如均值和标准差,可以很容易地扩展到多元分析。

3.3.1 位置多元统计

要测量有多个属性时的位置统计信息,只须测量每个属性的位置。每个属性的多元位置统计值都可以独立计算,这些值可以用一个元素数量等于属性数的数字向量表示。

例 3.3 举一个超过两个属性的位置统计的例子,表 3.1 中 4 个属性为"最高温度""身高""体重"和"年数",它们的位置数据在表 3.2 中表示为一个矩阵,其中每行都有统计测量的 4 个属性。要使用标准格式,所有值都用实数表示。

表 3.2 定量属性的位置多元统计

位置多元统计	最高温度/℃	体重/kg	身高/cm	年数
最小值	8.00	77	175	0.00
最大值	31.00	110	195	16.00
均值	18.14	70	172	7.14
众数	15.00	85	180	2.00
第一四分位数	15.25	65	168	2.25
中位数或第二四分位数	15.50	75	173	5.50
第三四分位数	24.00	84.5	183.75	11.75

在第 2 章我们看到了一个单元分析的简单图形(箱形图)也可以用来呈现相关信息的多元数据集的属性。如果属性的数量不是太大,每个属性都可以使用一组箱形图。

例 3.4 图 3.11 列出了我们从联系人数据集中摘录的定量属性的等效结果,可以看到这些属性的值是如何变化的。从箱形图可以看出,"体重"属性的数值间隔比"年龄"属性的间隔大,并且"体重"属性的中位数比"最高温度"属性的中位数更接近数值的中心。必须要注意的是,为定性数据集绘制箱形图没有意义,因为除了众数之外,其他统计数据只适用于数字型数据。

若属性数量过大,如 10 个以上,则很难分析所有箱形图包含的信息。

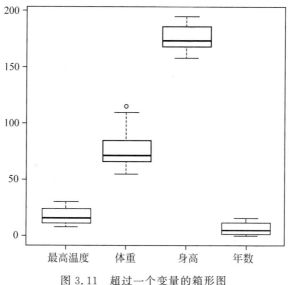

图 3.11 超过一个变量的箱形图

3.3.2 离散多元统计

对于多元统计,如第 2 章中介绍的振幅、四分位数范围、平均绝对偏差和标准差等离散统计量,可以对每个属性进行单独定义。

例 3.5 表 3.3 列出了表 3.1 数据集的属性"最高温度""身高""体重"和"年数"的多元离散统计示例。与多元位置统计的例子一样,离散统计可以显示在一个矩阵中,4 行中的每行代表 4 个属性的统计度量。

表 3.3 定量属性的离散多元统计

离散多元统计	最高温度	体重	身高	年数
振幅	23.00	60.00	37.00	16.00
四分位数范围	11.75	17.50	14.75	9.50
$\overline{\text{MAD}}$	7.41	14.09	11.12	6.67
s	7.45	17.38	11.25	5.66

前面描述的统计对每个属性的离散度进行独立度量,我们还可以度量一个属性的值与另一个属性的值之间有何不同。例如,如果属性 A 的值逐渐增加,属性 B 也会增加吗? 如果是这样,我们说它们有相似的变化,所以一个与另一个成正比。如果变化方向相反(当属性 A 增加时,属性 B 减少),我们说这两个属性变化相反,它们是成反比的。如果没有观察到这两种情况,那么两种属性间可能就没有关系。

如 2.3.1 节所述,两个属性之间的关系使用协方差或相关性进行评估。一组属性中所有属性对的协方差度量都可以用协方差矩阵表示,在这些矩阵中,属性在行和列中的顺序相同。

例 3.6 在表 3.4 中,我们看到了联系人数据集中 4 个属性的协方差矩阵。每个元素表示一对属性的协方差,这很好地解释了数据集的离散情况。矩阵的主对角线表示每个属性的方差,这个矩阵也是对称的,因为主对角线上面与下面的值相同。这说明在计算协方差时,属性的顺序是不相关的,也可以看出体重和身高有很大的协方差。

表 3.4　定量属性的协方差矩阵

属性	最高温度	体重	身高	年数
最高温度	55.52	34.46	20.19	5.82
体重	34.46	302.15	184.62	42.39
身高	20.19	184.62	126.53	14.03
年数	5.82	42.39	14.03	31.98

例 3.7 在表 3.5 中,我们可以看到每对属性是如何关联的。我们使用联系人数据集中的 4 个定量属性。在 Pearson 相关矩阵中,每个元素显示一对属性的 Pearson 相关性。矩阵主对角线上的值都等于 1,表示每个属性都与自身完全相关。

表 3.5　定量属性的 Pearson 相关矩阵

属性	最高温度	体重	身高	年数
最高温度	1.00	0.27	0.24	0.14
体重	0.27	1.00	0.94	0.43
身高	0.24	0.94	1.00	0.22
年数	0.14	0.43	0.22	1.00

在第 2 章中,我们了解了如何绘制两个属性之间的线性相关性。我们可以使用类似的图说明一组属性中所有属性对间的相关性,这些属性利用几个散点图的矩阵,每对属性使用一个散点图。与相关性类似,散点图可以应用于任意数量的有序或定量属性对,以创建散点图矩阵,也称为窗格图。

例 3.8 图 3.12 所示为表 2.1 联系人数据集中所有属性的散点图,其中以性别作为目标属性:每个对象都用自己的类进行了标记,这里使用了不同的形状。图 3.12 显示了不同类的预测属性是如何相互关联的。

需要注意的是,主对角线上方和下方表示的信息相同,这是因为 x 和 y 属性间的相关性与 y 和 x 间的相关性是一样的。由于每个对象的位置根据两个属性的值确定,图 3.12 中显示垂直和水平轴上每个属性的值。矩阵的第 1 行为属性“最高温度”与其他 3 个属性“体重”“身高”和“年数”之间的 Pearson 相关性。类似地,第 2 行显示属性“体重”与“最高温度”“身高”和“年数”之间的 Pearson 相关性。

可以看出,预测属性“身高”和“体重”是正线性相关的,当其中一个的值增加时,另一个的值也随之增加。

我们已经看到主对角线上面和下面表示相同的信息。散点图矩阵的一个版本利用这种冗余显示每对属性的散点图和相应的相关值,如 Pearson 相关系数。图 3.13 为一个散点图的例子。

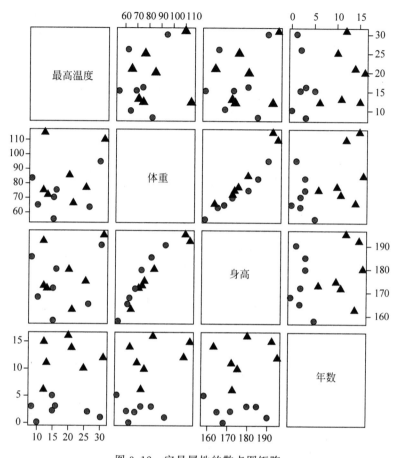

图 3.12 定量属性的散点图矩阵

我们可以使用一个简单的图总结散点图矩阵中的信息。如图 3.14 所示,线性相关矩阵可以被绘制成相关图。图 3.14 中,与两个属性相关的方块颜色越深,它们之间的相关性越强。属性"身高"与"体重"的相关性高,其他属性对的相关性低。正相关和负相关由不同的颜色表示。

和散点图矩阵一样,相关图的主对角线上下也是对称的,因此可以绘制相关值,而不是主对角线上下的彩色方框。

多元数据的另一个常见图是热图,它用方框矩阵表示一个数值表,每个值对应一个方框。矩阵的每行(或每列)都与一种颜色相关联,行(或列)中的不同值由行(或列)的不同颜色表示。热图已广泛应用于生物信息学中基因表达分析。

例 3.9 图 3.15 展示了联系人数据集的简单版的热图。对于垂直轴上的 4 个位置,其中每个都与一个对象相关联,而横轴上的每个位置则与不同的属性相关联。每个属性对应一种颜色,在本例中,对于给定的对象,颜色越深,该对象的属性值越小。

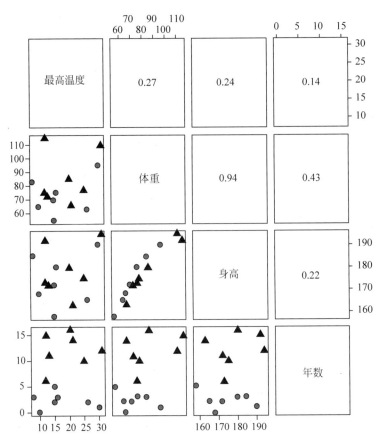

图 3.13　具有额外 Pearson 相关性的定量属性散点图矩阵

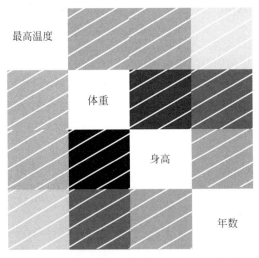

图 3.14　"最高温度""体重""身高"以及"年数"
属性间的 Pearson 相关的相关图

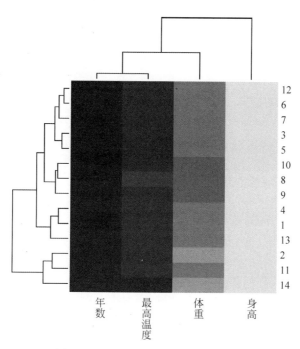

图 3.15　联系人数据集简单版的热图

热图顶部和左侧的图示称为树状图,我们将在第 5 章详细介绍。它们表示根据相互间的相似性进行的属性分组(顶部)和对象分组(左侧)。

我们之前提到过,多元分析图大都是为了定量数据而开发的。由于定性序数属性是直接转换的,所以在图中也很容易使用。随着名义定性数据分析的重要性日益增加,新的图表被创造了出来,其中一个例子是第 2 章介绍的马赛克图,它可以表示最多 3 个定量属性组合的频数。为此,从定性属性中提取了定量值(如频数)。

到目前为止,用于说明数据集所含信息的可视化图例只使用了少量的属性。不过,正如本章开头所提到的,许多实际问题都有几十、几百甚至几千个属性。虽然可以从高维数据集中提取统计度量,但用户要么收到数据中信息的大概,要么无法分析数据,要么被大量信息淹没。

3.4　信息图和词云

3.4.1　信息图

目前,经常使用信息图突出重要事实。理解数据可视化和信息图之间的区别是很重要的。虽然这两种技术都将数据转换成图像,但信息图方法非常主观,是手动生成的,并且要针对特定的数据集进行定制。另外,数据可视化是客观的、自动生成的,可以应用于许多数据集。在本章中,我们已经看到了几个数据可视化的例子,图 3.16 则是一个信息图的实例。

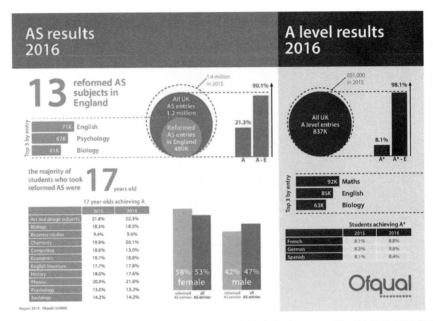

图 3.16　英格兰的资格等级信息图(包含根据开放政府许可证 v3.0 许可的公共部门信息)

3.4.2　词云

词云是一种在文本挖掘中经常用于演示文本数据的可视化工具,它表示给定文本中每个单词出现的频率。一个单词在文本中出现的频率越高,它在其中的大小就越大。由于冠词和介词经常出现在文本中,而数字不是文本,所以在将词云工具应用于文本之前,通常会将它们删除。另一个文本处理操作,也就是词干提取,在使用词云工具之前,也会将文本中的单词替换为它的词干。图 3.17 显示了对一段语句应用词云工具的结果,从中可以看出,在之前的文本中,词干出现频率较高的单词,如 text、word 以及 cloud,用较大的字体表示。

图 3.17　利用词云的文本可视化

3.5 本章小结

本章将单元分析和双元分析扩展到两个以上属性的分析,介绍了频数测量、数据可视化技术和多元分析的统计测量方法。

可以分析多元数据的方法还有很多,而且功能强大。但是,这些方法超出了本书的范围,这里只讨论最常用的技术。其他方法通常出现在更高级的多元分析书籍中,这些方法适用的主题面向的是那些具有初级统计知识的人。

第 4 章将讨论数据集质量的重要性,以及其如何影响接下来的分析步骤,介绍在低质量数据中发现的主要问题以及处理这些问题所需的技术、修改类型所需的操作、规模和数据分布、数据的维数和数据建模之间的关系,以及如何处理高维数据。

3.6 练 习

(1)为什么在单元分析和双元分析中使用的一些技术不能用于多元分析?

(2)多元图所提供的信息有何局限?

(3)假如用房屋绘画而不是用 Chernoff 脸谱表示对象,请描述你可以从绘画中得到且用于表示对象的 5 个特征。

(4)平行坐标图的主要问题是什么? 如何使这个问题最小化?

第4章

数据质量和预处理

根据数据尺度的类型,可以使用不同的数据质量和预处理技术。现在我们将介绍数据质量问题,后面的章节关注如何转换为不同的尺度类型和不同尺度。我们还将讨论数据转换和降维。

4.1 数据质量

数据分析中模型、图表和研究的质量取决于所使用数据的质量,应用域的性质、人为错误、不同数据集(如来自不同设备的数据集)的集成、用于收集数据的方法可能会产生有噪声、不一致或包含重复记录的数据集。

目前,尽管有大量的鲁棒描述和预测算法可用来处理有噪声、不完整、不一致或冗余的数据,但越来越多的实际应用却发现受到了低质量数据的损害。对于直接从存储系统收集的数据集(实际数据),噪声大概占到数据集的 5% 或更多,当这些数据用于从数据中学习的算法(机器学习算法)时,若没有数据预处理,分析问题可能会比实际更复杂。这样就增加了假设或模型归纳所需的时间,从而导致模型不能捕获数据集中的真实模式。

减少甚至消除这些问题可以提高数据分析过程所提取的知识的质量,数据质量很重要,但可能会受到内部和外部因素的影响。

(1)通过所选择的属性,内部因素可能和测量过程以及信息的收集相关。

(2)外部因素与数据收集过程中的错误相关,可能会涉及某些属性值的缺失,以及给其他属性带来错误。

现在简要描述影响数据质量的主要问题,它们与缺失值相关,并且与数据集的不一致性、冗余、噪声和异常值有关。

4.1.1 缺失值

在实际应用中,一些记录的某些预测属性值可能会在数据集中丢失,而且这是很常见的。数据丢失由几个因素导致,包括:

（1）属性值记录了数据收集开始后的一段时间，早期的记录是没有数据的；

（2）收集时属性数值未知；

（3）记录时不专心、误解或拒绝；

（4）某些特定对象不需要某属性；

（5）数值不存在；

（6）数据收集设备有问题；

（7）在分类问题中为一个对象分配类标签需要成本或难度太大。

由于许多数据分析技术并不是设计来处理缺失值的数据集，因此必须要对数据集进行预处理。相关文献中提出了以下几种替代方法。

（1）忽略缺失值。

- 只对每个对象使用具有数值的属性，而不管缺失的值，这并不需要对所使用的建模算法进行任何更改，但是距离函数应该忽略至少一个缺失值的属性值；

- 修改一种学习算法，使其接受并处理缺失值。

（2）删除对象：只使用那些具有所有属性值的对象。

（3）进行估算：使用基于其他对象中此属性值的估算值填充缺失的数值。

最简单的替代方法就是删除在大量属性中缺少值的对象。但当存在丢失重要数据的风险时，不应该将对象丢弃。另一种简单的替代方法是创建一个新的、相关的、具有布尔值的属性：如果相关属性中缺少值，则该值为 True，否则为 False。

填充丢失的数据是最常见的方法，这里最简单的方法是为属性创建一个新值，以表示正确的值已经丢失。该方法主要用于定性属性，最有效的方法是估计一个值，可以使用以下几种方法。

（1）用位置值填充：填充值可以是定量属性和序数属性的均值、中位数，或名义值的众数。均值是多个数值的平均，而众数是属性中最常出现的定量值，中位数则是大于值的一半且小于其余一半的值。

（2）对于分类任务，我们可以使用前面的方法，也就是仅使用来自相同类的实例计算位置统计信息。换句话说，如果我们打算填充属于类 C1 的实例 i 的属性 at 的值，我们将只使用类 C1 中在 at 属性中没有缺失值的实例。

（3）一个学习算法可以用作预测模型，为一个特定属性中缺失的提供一个替换值。该学习算法使用所有其他属性作为预测器，以填充的属性作为目标。

在上述方法中，第 1 种方法最简单，处理成本最低；第 2 种方法的成本略高，但能更好地估计真实值；第 3 种方法可以进一步改进估计效果，但成本较高。

例 4.1 来看一个缺失值处理的实例，考虑表 4.1 中的数据集，假设由于数据传输问题，我们发送给同事的部分联系数据丢失了。表 4.1 所示为如何填充数据集中缺失的值，使用定性值的众数和定量值的舍入平均值，考虑到对象是同一类，目标属性"关系"具有相同标签。

表 4.1 缺失值的填充

有缺失值的数据				无缺失值的数据			
食物	年龄	距离	关系	食物	年龄	距离	关系
中式	51	近	好	中式	51	近	好
			好	中式	53	近	好
意大利	82		好	意大利	82	近	好
汉堡	23	远	差	汉堡	23	远	差
中式	46		好	中式	46	近	好
中式			差	中式	31	远	差
汉堡		非常近	好	汉堡	53	很远	好
中式	38	近	差	中式	38	近	差
意大利	31	远	好	意大利	31	远	好

应该注意的是,实例中缺失值可能是有关该实例的重要信息。在有些情况下,属性必须要有一个缺失的值,如住宅地址的公寓号。此时,值实际上是不存在的,而不是丢失的。不存在的值是很难自动处理的,一种可能的方法是创建另一个相关属性,以指示另一个属性中的值何时不存在。

4.1.2 冗余数据

缺失值是数据的缺乏,而冗余数据则是数据的过剩。冗余对象是那些不会给数据集带来任何新信息的对象,也就是无关数据,它们与其他对象非常相似。

冗余主要发生在整个属性集合中。冗余数据可能是由于数据收集中的小错误或噪声造成的,如姓名仅相差一个字母的人使用相同的地址。

在极端情况下,冗余数据可能是重复数据。如表 4.2 所示,重复数据删除技术是一种预处理技术,其目标是识别和删除数据集中对象的副本。

表 4.2 删除冗余对象

具有冗余对象的数据				没有冗余对象的数据			
食物	年龄	距离	关系	食物	年龄	距离	关系
中式	51	近	好	中式	51	近	好
意大利	43	非常近	好	意大利	43	非常近	好
意大利	43	非常近	好	—	—	—	—
意大利	82	近	好	意大利	82	近	好
汉堡	23	远	差	意大利	82	近	好
中式	46	很远	好	中式	46	很远	好
中式	29	太远了	差	中式	29	太远	差
中式	29	太远了	差	—	—	—	—
汉堡	42	很远	好	汉堡	42	很远	好
中式	38	近	差	中式	38	近	差
意大利	31	远	好	意大利	31	远	好

重复对象的存在,使机器学习(Machine Learning,ML)技术更偏重于数据集中的这些对象,而不是其他的。

必须要指出的是,当一个预测属性的值可以由其他预测属性的值得到时,预测属性也会出现冗余。

4.1.3 不一致数据

数据集也可能具有不一致的值。在数据集中出现不一致的值通常会降低 ML 算法构建的模型质量,不一致的值可能会出现在预测和/或目标属性中。

预测属性中不一致数据的一个实例是与城市名不匹配的邮政编码,不一致数据可能是由于错误或欺诈产生的。

对于预测问题,目标属性中的不一致数据可能导致歧义,这是因为它允许具有相同预测属性值的两个对象共享不同的目标值。目标属性的不一致性可能是由于标记错误造成的。

有些不一致数据很容易就能发现。例如,一些属性值可能与其他属性值有已知的关系,如属性 A 的值大于属性 B 的值,其他属性则只允许正的数值,这些情况中的不一致性很容易识别。

例 4.2 回顾一下表 2.1 中的数据集,表 4.3 列出了数据集的新版本,其中一些数据的值不一致,这些值在表中突出显示。

要处理预测属性中不一致数据,一个好的策略是将它们视为缺失值。预测和目标属性的不一致性也可能是由噪声引起的。

表 4.3 包含体重和身高的联系人列表数据集

联系人	最高温度/℃	体重/kg	身高/cm	性别	关系
Andrew	25	77	175	男	好
Bernhard	31	1100	195	男	好
Carolina	15	70	172	女	差
Dennis	20.	45	210	男	好
Eve	10	65	168	女	差
Fred	12	75	173	男	好
Gwyneth	16	75	10	女	差
Hayden	26	63	165	女	差
Irene	15	55	158	女	差
James	21	66	163	男	好
Kevin	300	95	190	男	差
Lea	13	72	1072	女	好
Marcus	8	83	185	女	差
Nigel	12	115	192	男	好

4.1.4 噪声数据

噪声有几种定义,一个简单的定义是,有噪声的数据是不符合期望标准集的数据。不正确或失真的测量、人为误差甚至样品污染都可能造成噪声。

要执行噪声检测,可以利用调整分类算法或使用噪声过滤器进行数据预处理。它通常需要噪声过滤器的配合,过滤器可以在预测属性或目标属性中查找噪声。

例 4.3 图 4.1 给出了一个无噪声和有噪声数据集的实例,噪声可能会出现在预测或标签属性中。

由于预测属性中的噪声检测比较复杂,并且会受到预测属性之间关系的影响,因此开发的过滤器大都用于目标属性。

许多标签噪声过滤器都是基于 k-NN 算法的,它们通过查看 k 个最相似对象的标签检测有噪声的对象。如果一个对象的类标签与最近的对象的类标签不同,那么该对象很可能是有噪声的。

需要注意的是,确定一个对象有噪声通常是不可能的,有噪声的数据很显然可能是不符合当前标准的正确对象。

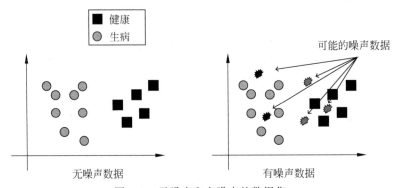

图 4.1　无噪声和有噪声的数据集

4.1.5 离群值

在数据集中,离群值是异常的值或对象,也可以将它们定义为一个或多个预测属性的值与其他对象相同预测属性的值具有很大差异的对象。

与有噪声的数据点相比,离群值可以是合法的值,有几个数据分析应用程序的主要目标就是找出数据集中的离群值。特别是在异常检测任务中,离群值的存在可以表示噪声的存在。

例 4.4 图 4.2 为具有离群值的数据集实例。

一种简单而有效的定量属性离群值检测方法是基于四分位区间的。假设 Q_1 和 Q_3 分别是第一四分位数和第三四分位数,四分位区间由 $IQ=Q_3-Q_1$ 给出。低于 $Q_1-1.5IQ$ 或高于 $Q_3+1.5IQ$ 的值被认为与中心值相差太远,是不合理的。图 4.3 给出了一个实例。

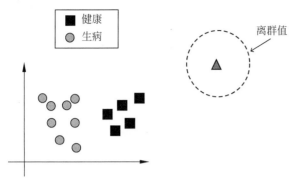

图 4.2 具有离群值的数据集

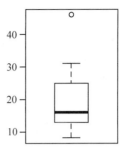

图 4.3 基于四分位区间
距离的离群值

4.2 转换为不同的尺度类型

如前所述,一些 ML 算法只能使用特定尺度类型的数据。好消息是可以将数据从定性尺度转换为定量尺度,反之亦然。

为了更好地说明这种转换,我们来考虑另一个与同事或同学相关的数据集,包括他们最喜欢的食物、年龄、距离,以及与他们的关系如何。表 4.4 对这个数据集进行了说明,由于我们未对姓名进行转换,所以不在表中显示这一列。

接下来看一下如何将转换应用于这个数据集,下面简单介绍主要的转换过程。

表 4.4 同事的食物偏好

食物	年龄	距离	关系
中式	51	近	好
意大利	43	非常近	好
意大利	82	近	好
汉堡	23	远	差
中式	46	很远	好
中式	29	太远	差
汉堡	42	很远	好
中式	38	近	差
意大利	31	远	好

4.2.1 名义尺度转换为相对尺度

由于名义尺度不假定其值之间的顺序,为了保留此信息,应将名义值转换为相对值或二进制值。

最常见的转换称为"1-of-n",也称为规范化或单属性值转换,它将一个名义属性的 n 个值转换为 n 个二进制属性。二进制属性只有两个值:0 或 1。

例 4.5 表 4.5 举例说明了与颜色相关属性的这种转换,其可能的名义值是绿色、黄色和蓝色。

表 4.5 从名义尺度到相对尺度的转换

名义尺度	相对尺度
绿色	001
黄色	010
蓝色	100

表 4.6 所示为如何转换另一个有关联系人的数据集,将所有定性的预测属性(除了姓名之外)转换为定量的预测属性。

表 4.6 从名义尺度到二进制值的转换

原 始 数 据				转换后的数据					
食物	年龄	距离	关系	F1	F2	F3	年龄	距离	关系
中式	51	近	好	0	0	1	51	2	1
意大利	43	非常近	好	0	1	0	43	1	1
意大利	82	近	好	0	1	0	82	2	1
汉堡	23	远	差	1	0	0	23	3	0
中式	46	很远	好	0	0	1	46	4	1
中式	29	太远	差	0	0	1	29	5	0
汉堡	42	很远	好	1	0	0	42	4	1
中式	38	近	差	0	0	1	38	2	0
意大利	31	远	好	0	1	0	31	3	1

需要注意的是,每个结果序列的 n 个 0 和 1 的值(二进制值)不仅仅是一个预测属性,而是 n 个预测属性,每个可能的名义值对应一个预测属性。我们将一个具有 n 个名义值的预测属性转换为 n 个数字预测属性,1 表示对应的名义值存在,0 表示对应的名义值不存在。

不过,当使用从名义尺度到数字尺度转换时,我们增加了预测属性的数量,如果有大量的名义值,最终会得到大量的值为 0 的预测属性。具有大量 0 值的数据集称为"稀疏"数据集,一些分析技术在处理稀疏数据集时遇到了不少困难。

生物序列尤其如此,DNA、RNA 和氨基酸序列是由成百上千个字母组成的长字符串,序列中的每个位置都可以看作是一个预测属性。对于 DNA 序列,每个位置都有 4 个可能的值:A、C、T 和 G。RNA 序列的每个位置同样也有 4 个可能的值,只是用 U 替换了 T。对于氨基酸序列,每个位置可以有 20 个可能的值。

例 4.6 表 4.7 给出了一个简单的例子,3 个分别含有五核苷酸的 DNA 序列:AATCA、TTACG 和 GCAAC。我们用 0001,0010,0100 和 1000 分别编码核苷酸 A、C、T 和 G。

表 4.7 DNA 序列编码

原始 DNA					转换后的 DNA				
A	A	T	C	A	0001	0001	0100	0010	0001
T	T	A	C	G	0100	0100	0001	0010	1000
G	C	A	A	C	1000	0010	0001	0001	0010

有必要回顾一下,如果我们使用 1-of-n 编码,一个有 n 个值的二进制数对应 n 个预测属性,每个值对应一个。对于 DNA 序列,将预测属性的数量乘以 4;对于氨基酸序列,要乘以 20。因此,这种编码会导致更稀疏的数据集,最后得到的预测属性数量如表 4.8 所示。

表 4.8 DNA 序列最终预测属性

原始 DNA	转换后的 DNA																			
A A T C A	0	0	0	1	0	0	0	1	0	1	0	0	0	0	1	0	0	0	0	1
T T A C G	0	1	0	0	0	1	0	0	0	0	0	1	0	0	1	0	1	0	0	0
G C A A C	1	0	0	0	0	0	1	0	0	0	0	1	0	0	0	1	0	0	1	0

有一些替代方法可以使预测属性数量增加和由此产生的稀疏数据集降到最低程度,其中一种方法是将每个名义值转换为预测属性中数值出现的频数。对于 DNA 序列,结果是 4 个值,每个核苷酸的频数对应一个,该方法常用于将 DNA 和氨基酸序列转换为定量值。对于相同的 DNA 序列,将给出表 4.9 中所示的 AATCA、TTACG 和 GCAAC 的值。

表 4.9 从名义尺度到相对尺度的转换

原始 DNA	转换后的 DNA			
AATCA	0.6	0.2	0.2	0.0
TTACG	0.2	0.2	0.4	0.2
GCAAC	0.4	0.4	0.0	0.2

4.2.2 序数尺度转换为相对或绝对尺度

对于序数值,转换更直观,因为我们可以将其转换为从最小值 0 开始的自然数,而且每个数值都为上一个值加一。

如前所述,有些算法可能只适用于二进制值。如果要将序数值转换为二进制值,可以使用格雷码,它将两个连续值之间的距离作为一个二进制值中的不同值。在本例中,我们还将一个属性更改为 n 个属性,但是 n 可能会小于值的数量。另一种二进制代码为温度计代码,它以一个只有 0 值的二进制矢量开始,当序数值增加时,从右到左用 1 替换一个 0 值。在这种情况下,n 等于名义值的数目减 1。

表 4.10 说明了一个序数属性的 4 个值的转换：小、中、大和非常大，且使用了 3 种转换：自然数、格雷码和温度计代码。

如果定量自然值从 0 开始，则转换为绝对尺度。但如果希望使用相对值，则可以从大于 0 的自然值开始。

对于格雷码，我们可以看到每两个连续顺序值间只有一个二进制位不同。只要具有这种特点，任何二进制数值的组合都可以使用。

表 4.10   从序数尺度到相对或绝对尺度的转换

序数尺度	自然数	格雷码	温度计代码
小	0	00	000
中	1	01	001
大	2	11	011
非常大	3	10	111

4.2.3   相对或绝对尺度转换为序数或名义尺度

定量值可以转换为名义值或序数值，这个过程称为"离散化"，根据我们是否想要保持值之间的顺序，称为"名义"或"序数"的离散化。

当学习算法只能处理定性值或想要减少定量值的数量时，就有必要使用离散化。

离散化有两个步骤。第 1 步是定义定性值的数量，通常由数据分析人员定义。定性值的数量称为"分箱"的数量，其中每个分箱与定量值的一个区间相关联。分箱数量确定后，下一步是定义与每个箱子相关的值间隔，这种关联通常由算法实现，且有两种选择：按宽度或按频数。若是按宽度关联，间隔将具有相同的范围：最大值和最小值之间的差值相同；若是按频数关联，每个间隔将具有相同数量的值。必须要指出的是，一个定量尺度不一定具有所有可能的值。

表 4.11 所示为将 9 个定量值(2,3,5,7,10,15,16,19,20)转换为 3 个名义值为 A、B 和 C 的分箱，使用了按宽度关联和按频数关联。

按宽度关联选择的区间是[(2,8),(9,15),(16,22)]；按频数关联选择的区间为[(2,5),(7,15),(16,20)]。一般用不同的方法定义宽度和频数关联的限值。不过，区间的上限值和下限值不需要在数据集中，而且可以将一些值(假设这些值永远不会出现)排除在区间之外。

表 4.11   从定量值到名义值的转换

定量值	按宽度转换	按频数转换
2	A	A
3	A	A
5	A	A

续表

定量值	按宽度转换	按频数转换
7	A	B
10	B	B
15	B	B
16	C	C
19	C	C
20	C	C

4.3 转换为不同尺度

在某些情况下,将一种尺度数据转换为另一个相同类型的尺度是有必要的,如使用距离度量(第 5 章将讨论的主题)。之所以进行这种转换,是为了得到同一尺度表示的不同属性,这个过程称为规范化。

我们必须始终意识到,对于表示给定属性值的度量,结果可能是不同的。

例 4.7 让我们看看下面的例子,3 个联系人的年龄和教育程度分别为:Bernhard(43 岁,教育 2.0),Gwyneth(38 岁,教育 4.2)和 James(42 岁,教育 4.1)。计算这些联系人之间的欧氏距离,得到表 4.12 中的值,其中 B 表示 Bernhard,G 表示 Gwyneth,J 表示 James。

表 4.12 以年为单位的欧氏距离

B-G	B-J	G-J
5.46	2.33	4.00

最相似的朋友是 Bernhard 和 James,最不同的是 Bernhard 和 Gwyneth。让我们用同样的方法计算以 10 岁为单位的年龄:Bernhard 4.3 岁,Gwyneth 3.8 岁,James 4.2 岁(见表 4.13)。

表 4.13 以 10 年为单位的欧氏距离

B-G	B-J	G-J
2.26	2.10	0.41

现在最相似的联系人是 Gwyneth 和 James,而不是 Bernhard 和 James。你能理解这些结果吗?为什么会这样?如果用年而不是 10 年衡量年龄,会得到更大的数字:比用来衡量受教育程度的数字大得多。因此,在计算欧氏距离时,年龄值的影响要比受教育程度的影响大得多。在使用距离度量时,在 CRISP-DM 方法的数据准备阶段(参见 1.7.3 节)执行期

间,避免此问题的一种实用方法是数据规范化,这也是一个典型的预处理任务。

每个属性都要分别进行规范化。有两种方法可以使数据规范化:归一化和最小-最大调整。

最简单的替代方法是最小-最大调整,将数值转换为给定区间内的值。例如,要将一组值转换为区间[0.0,1.0],只须将集合中的所有值减去最小的值,然后把新值除以振幅(即新值的最大值和最小值之差)。也可以使用其他的时间间隔。例如,如果希望值位于区间[−1.0,1.0],只须将区间[0.0,1.0]中的数值乘2,然后从每个新值中减去1.0。表4.14介绍了在区间[0.0,1.0]的两个属性(年龄和教育)最小-最大调整为3个数值的应用。

表 4.14　使用最小-最大调整进行规范化

联系人	年龄	教育	调整年龄	调整教育
Bernhard	43	2.0	1.0	0.0
Gwyneth	38	4.2	0.0	1.0
James	42	4.0	0.8	0.91

第2种方法是归一化,首先减去属性值的平均值,然后将结果除以这些值的标准差。因此,属性值现在的平均值是0.0,标准差是1.0。如果我们对表4.14使用的数据进行归一化,则会得到表4.15中所示的值。

表 4.15　使用归一化

联系人	年龄	教育	重标年龄	重标教育
Bernhard	43	2.0	0.76	−1.15
Gwyneth	38	4.2	−1.13	0.66
James	42	4.0	0.38	0.49

规范化数据一般不会小于−3或大于3,你应该知道的另一件事是,无论原始值的尺度(年或10年)是多少,为年龄得到的规范化值都是相同的。如果将规范化应用于所有属性,那么在计算对象之间的欧氏距离时,所有属性的重要性都是相同的(见表4.16)。

表 4.16　带规范化值的欧氏距离

B-G	B-J	G-J
2.59	1.73	1.51

可以看到现在最相似和最不相似的人,这种情况和以10年为单位测量年龄时是一样的。为了消除规范化值,我们应该对每个属性用规范化值乘以原始样本标准差,然后再加上原始平均值,这样应该能得到原始值。

4.4 数据转换

数据摘要的另一个重要问题是,为了简化分析或允许使用特定的建模技术,可能需要进行转换。一些用于改进数据摘要的简单转换如下。

(1) 将预测属性的值用于对数函数:常见于偏态分布,当某些值比其他值大得多(或小得多)时,对数变换使偏态程度降低。对数变换使对高度偏态数据的解释更加容易。

(2) 转换为绝对值:对于某些预测属性,如果值为正或负,则值的大小比其符号更重要。

例4.8 本例说明了对数变换的好处,假设我们的数据具有两个定量属性,表示联系人每年的经济收入和他们在晚餐上的花费。假设大部分联系人的收入都低于平均水平,只有极少数的联系人收入很高,并且在吃饭上花了很多钱。这两个属性的值,即收入和晚餐费用,是右偏的。表4.17说明了每个联系人的年收入,以及他们每年在晚餐上花了多少钱。

表 4.17 各朋友每年的收入和晚餐费用

联系人	收入/美元	晚餐费用/美元
Andrew	17 000	2200
Bernhard	53 500	4500
Carolina	69 000	6000
Dennis	72 000	7100
Eve	125 400	10 800
Fred	89 400	7100
Gwyneth	58 750	6000
Hayden	108 800	9000
Irene	97 200	9600
James	81 000	7400
Kevin	21 300	2500
Lea	138 400	13 500
Marcus	830 000	92 000
Nigel	1 000 000	120 500

图4.4(a)表示收入和晚餐费用之间的关系是如何绘制的。可以看出,由于数据是高度右偏的,大多数朋友的数据是混在一起的,他们都低于平均收入,且晚餐支出低于平均支出。要解释这些数据并不容易,如果我们执行一个对数变换,对两个属性的值应用以10为底的对数,就会得到图4.4(b)。现在数据更加分散,使联系人之间的差异区分更加明显,而且数据解释也变得更加容易。

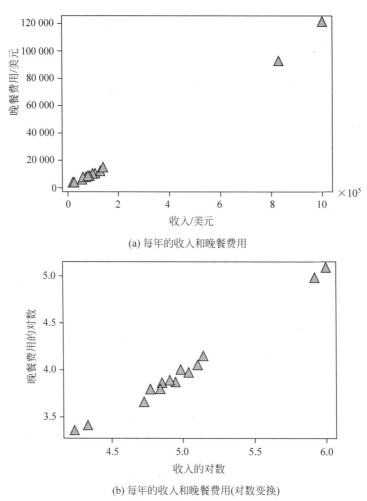

(a) 每年的收入和晚餐费用

(b) 每年的收入和晚餐费用(对数变换)

图 4.4 3 个属性的图(两种选择,且最后一种是定性的)

4.5 维度降低

一般来说,如果我们想在一幅清晰且易于理解的图中表示更多的属性,就需要减少每个属性显示的细节级别。在前面的图中,我们显示了每个属性的所有值。当然,如果数据集中的对象数量非常大,即使有两个属性,表示数据集中所有对象的图也不会清楚。在第 3 章中,我们看到了一幅图,它降低了属性的信息级别,并描述了与数据集中属性值分布相关的信息,即使是包含大量对象的数据集也一样。

当数据集中属性的数量很大时,数据空间就会变得非常稀疏,对象之间的距离也会变得非常相似,从而降低了基于距离的 ML 技术的性能(在本书后面讨论)。

数据集的降维可以带来以下几个好处:

（1）减少训练时间，降低存储器需求，提高 ML 算法性能；

（2）去除无关属性，减少有噪属性的数量；

（3）允许引入更简单也更容易解释的模型；

（4）使数据可视化更容易理解，并允许具有大量属性的数据集也能可视化；

（5）降低特征提取的成本，使更多的人可以访问基于 ML 的技术。

有两种方法可以减少属性的数量：属性聚合和属性选择。在属性聚合中，我们用一个新属性替换一组属性——组中属性的组合。在属性选择（也称为"特性选择"）中，我们选择保留原始数据集中大部分信息的属性子集。

这些替代方案将在下面详细介绍。

4.5.1 属性聚合

属性聚合也称为多维缩放，它将数据减少到给定数量的属性，从而使可视化更加容易，所选属性是能够区分对象属性的最优选择。属性聚合技术将原始数据集投影到新的低维空间中，但保留相关信息。

相关文献中提出了几种属性聚合技术，且大多会将原始属性线性组合，创建少量的属性，也可以说是一组组件。

这组技术包括主成分分析（Principal Component Analysis，PCA）、独立成分分析（Independent Component Analysis，ICA）和多维缩放（Multidimensional Scaling，MDS）。其他技术也可以创建数据集原始属性的非线性组合，如 PCA 的一个变种，也就是内核 PCA。

接下来简要介绍其中一些技术。

1. 主成分分析

主成分分析（PCA）是 1901 年由 Karl Pearson 提出的，他还提出了 Pearson 相关。PCA 是最常用的属性聚合技术，它将一个数据集线性投影到另一个属性数相等或更小的数据集上。通常情况下，数字越小，维度也会越小。通过删除冗余信息，属性的数量也会减少。PCA 试图通过将原始属性组合成新的属性来减少冗余，并且降低协方差，从而降低数据集属性之间的相关性。为此，我们使用了来自线性代数的变换矩阵运算，这些操作将原始数据集中具有高度线性相关的属性转换为没有线性相关的属性，它们被称为主成分。

每个主成分都是原始属性的线性组合。线性组合的使用限制了可能的组合，使过程变得简单。这些组件根据它们的方差进行排序，从最大到最小。接下来，选择一组组件，从方差最大的组件开始，一个接一个地排序。在每次选择时，都需要计算数据与所选组件的方差。若方差的增加很小或已经选择了预定义数量的主成分，那么就不会再选择新的成分。

理解聚合技术的一个关键在于数据投影，它将一个空间中的一组属性转换为另一个空间中的一组属性，原始数据是已命名数据源和投影数据信号。一个简单的投影会将一些属性从原始数据集中删除，创建一个新的数据，以及具有其余属性的投影数据集。在投影中，我们想要尽可能多地保留原始属性集中的信息。我们可以进行更复杂的投影，不要去删除一些属性,而是将一些属性组合到一个新属性中。理想情况下,投影会从原始数据中去除冗余和噪声。

例如,假设我们最初的属性是年龄、本科学习年限和研究生学习年限。通过添加两个原始值,可以将最后两个属性转换为一个新属性,即"学习年限"。

再举一个例子,当我们拍照时,是在把三维空间中的图像转换成二维空间中的图像。因此,就将三维面部图像投影到二维图像上。这样一来,就丢失了一些信息,但我们在新的空间中保留了识别原始图像的必要信息。

PCA 通常用在二维图中,显示具有 3 个以上属性的数据集。

例 4.9 接下来看一个将 PCA 应用于数据集的实例。在本例中,如表 3.1 所示,将 PCA 应用于联系人列表的摘录。使用 PCA 将 5 个属性(4 个定量属性加上定性属性"性别"转换成数字尺度)减少为两个主成分,这样就可以在二维图中看到数据,如图 4.5 所示。每个对象接收自己类的格式和颜色。

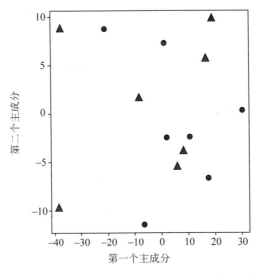

图 4.5　简短版联系人数据集使用 PCA 得到的主成分

每个坐标轴都与所选的两个主成分之一相关联。对于这个特定的数据集,这两个成分保留了原始数据中 90% 以上的信息。

由于 PCA 只对定量属性有效,在前面的示例中,需要将"性别"属性转换为数字。有一种和主成分分析类似,但用于定性数据的方法,也就是对应分析及其扩展,以及多重对应分析。

在科学界,研究人员在不同的领域发现了相似的东西,但由于他们并不是总知道其他人在做什么,那些参与的人认为他们已经发明了一种新技术,并给它起了一个不同的名字。主成分分析(PCA)和奇异值分解(Singular Value Decomposition,SVD)就是这样的例子,前者起源于统计领域,后者起源于数值分析领域。这两种技术使用不同的数学运算达到同一个目的,因此,它们对类似的技术有不同的命名。PCA 使用的线性代数由 SVD 提供,PCA 也可以使用 SVD 作为另一种数学工具从数据集中提取主成分。

主成分分析的一个主要优点在于它是非参数的,由于不需要选择系数值或调整超参数,用户不必是 PCA 方面的专家。另外,同样的强度使利用先验信息提高主成分的质量变得困难。如果技术有超参数的话,就是可能的。因此,尽管 PCA 是一种简单的技术,但其中涉及的一些数学假设非常强大。有两个办法可以克服这个弱点,其中之一是结合一个内核函数,且该函数需要设置超参数,这是内核 PCA 采用的选项,另一种方法则由 ICA 提供。

2. 独立成分分析

独立成分分析(ICA)与 PCA 非常相似,但是 PCA 与 ICA 所做的唯一假设是属性存在线性组合。通过减少这些假设,ICA 能够找到比 PCA 冗余更少的成分,但代价是处理时间更长。

与 PCA 不同,ICA 假设原始属性在统计上是独立的,它试图将原始的多元数据分解成不具有高斯分布的独立属性。另外,PCA 试图减少属性间的协方差,而 ICA 则试图减少高阶统计量,如峰度等。ICA 基于高阶统计量,在噪声数据集上性能优于 PCA。

PCA 和 ICA 的另一个区别在于 ICA 不会对组件进行排序,这并非一个不好的特性,因为 PCA 发现的主成分的排列顺序并不总是最好的组件集。它类似于对属性进行排序和在属性选择方法中选择属性子集之间的区别。当组合在一起时,单独具有较高方差的成分并不一定比排名较低的其他成分组合产生更好的成分对。

ICA 与一种称为"盲源分离"的技术密切相关。如果将 ICA 应用于一个派对的音响分析,它能够区分扬声器,将每个都认为是独立的声音来源。

例 4.10　为了说明 PCA 和 ICA 找到的成分间的差异,图 4.6 列出了每个组件的二维图。此图使用与图 4.5 相同的数据,其中每个对象接收自己类的格式和颜色。

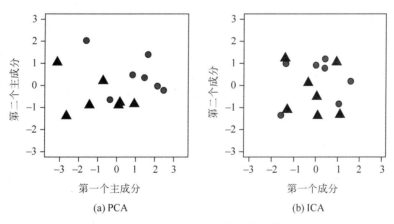

图 4.6　PCA 和 ICA 获得的成分

3. 多维缩放

与前面的属性聚合技术一样,多维缩放(MDS)涉及数据集的线性投影。但是,以前的技术使用原始数据集中对象的属性值,而 MDS 使用对象对之间的距离。由于 MDS 不需要知道对象属性的值,所以若很难提取相关特性来表示对象,那么它会特别适合。了解对象的相似程度是很有必要的。

4.5.2 属性选择

减少维数的另一种方法是选择属性的子集,而不是聚合属性。这种方法可以加快学习过程,因为可以执行较少的操作。

属性选择技术大致可以分为 3 类:过滤器、包装器和嵌入模型。

1. 过滤器

过滤器寻找预测属性值和目标属性之间的简单、独立的关系。它们根据这种关系对属性进行排序。如果一个预测属性值与一个目标属性值有很强的关系,如大预测属性值与类 A 相关,小预测属性值与类 B 相关,那么这个预测属性的排名就会很高。

使用前面的数据集摘录(见表 2.1),可以看到每个预测属性的行为与目标属性(关系)之间的相似性。为此,将对每对数据(预测属性,目标属性)应用于在第 2 章中已经描述过的统计度量 Pearson 相关。表 4.18 列出了每个预测属性与目标属性的相关性,且属性以递减的顺序显示。

表 4.18　各预测属性与目标属性的相关性

预测属性	相关性	预测属性	相关性
年数	0.89	身高	0.21
性别	0.58	最高温度	0.14
体重	0.40		

假设我们要选择 3 个最相关的预测属性。因此,要使用此表选择 3 个预测属性,就选择了与目标属性关系相关性最高的预测属性:年数、性别和体重。我们还可以检查预测属性对之间的相关性,如果两个预测属性具有很高的相关性,那么它们可能是有冗余的。因此,即使与目标属性有很高的相关性,同时选择它们也不是一个好主意——它们两个都具有预测目标属性值所需的相同信息。

单独看每个预测属性,可能会出现两个问题。一是两个或多个冗余的预测属性可以与类属性有很强的关系,这两个属性都是由预测过滤器选择的;二是过滤器无法识别类属性和预测属性组合之间的关系。过滤器的两个优点在于不受所使用的分类算法的影响,而且计算速度很快。

2. 包装器

包装器显式地使用分类器引导属性选择过程。因此,无论属性的排名如何,该方法都会选择为分类器提供最高预测性能的预测属性集。包装器通常寻找具有最佳预测能力的属性子集,而不是对预测属性进行排序,从而捕捉属性之间的关系并减少选择冗余属性的机会。

由于包装器需要为每个预测属性子集归纳和评估几个分类器,因此包装器的计算成本通常高于过滤器。

例 4.11 为了演示包装器技术的一个简单示例,我们再次使用表 2.1 的数据,其利用 ML 算法展示了很好的预测性能,所使用的是表 2.1 的一个简化版数据集,只有一个预测属性。我们对每个预测属性都进行这种处理,因此,若存在 5 个预测属性,则会减少数据集 5 次,每次使用不同的属性诱导分类器。各预测属性的预测性能如表 4.19 所示,按预测性能的下降顺序排列,也就是说,数值越大越好。

表 4.19 每个预测属性的分类器预测性能

预测属性	预测性能	预测属性	预测性能
年数	0.78	体重	0.38
身高	0.46	最高温度	0.14
性别	0.42		

可以看出,得到的预测属性顺序与使用过滤器发现的顺序不同。因此,如果我们现在使用包装器技术选择 3 个预测属性,得到的将会是"年数""身高"和"性别",这是对目标属性值的最佳预测。

无论是过滤器还是包装器技术,我们都不需要逐个检查预测属性,以查看其预测效果如何。正如我们在过滤器示例中看到的,这可能会导致冗余。如果我们寻找的预测属性组,在基于过滤器的方法中和目标属性结合更相关,或者在基于包装器的方法中,用于分类算法得到最优分类模型,可以发现更好的预测属性集。不过,可能的预测属性组的数量通常比单个预测属性的数量大得多,因此查找最佳组的处理时间比查找最佳预测属性的排序要长得多。

通过分类器性能选择预测属性,包装器增加了分类器过拟合的概率。此外,包装器的性能受所用分类算法的影响,不能保证某个特定分类算法选择的子集也能成为其他分类算法的良好子集。

3. 嵌入模型

在嵌入模型中,属性选择作为预测算法的内部过程来执行。决策树归纳算法是一种能够进行嵌入模型属性选择的预测技术,这些算法将在 10.1.1 节中介绍。当这些算法被应用到某个数据集时,会产生一个预测模型,并选择一个子集的预测属性最相关的分类模型进行归纳。

4. 搜索策略

无论所用的属性选择技术是过滤器、包装器还是嵌入模型,都需要一个标准来定义如何确定最佳属性子集。

最简单的搜索策略是穷举搜索,其对所有可能的属性子集进行评估并选择最佳子集。如果属性的数量很大,则此策略可能需要很长时间。

两种更有效且非常简单的属性选择搜索策略是贪婪顺序技术:前向选择和后向选择。

前向选择从一组空属性开始,然后对每个现有属性的模型进行训练和测试,选择预测性能最好的模型所使用的属性。接下来,通过从其余属性中选择最佳附加属性添加第 2 个属性:对于用于评估属性子集的度量,该属性给出两个属性中的最佳子集。如果这些附加属性都没有改进属性子集,则不会添加任何属性,选择也不会停止。如果添加了第2个属性,则继续处理其余属性,一次添加一个属性,直到子集停止改进。

后向选择的工作方式相反,它从一个包含所有属性的子集开始,然后一个接一个地删除属性,直到子集的预测性能开始下降或属性数量等于1。每次对属性的删除进行评估时,将删除造成最小伤害或最大好处的属性。

前向和后向属性选择技术有几种变体,其中一种是双向选择,它在前向选择和后向选择之间交替进行。

其他搜索策略,如基于优化技术的策略,使用更复杂的机制,从而能得到更好的属性子集。

要选择的预测属性的数量可以由用户给出,也可以通过一个有两个目标的优化过程来定义:选择尽可能小的预测属性集,以提高或保持模型归纳技术的性能。由于目标不止一个,因此可以使用多目标优化技术。

维度诅咒将对象数量及数据集的属性数量之比与能在数据集中观察到的现象关联起来。随着属性的数量增加,数据量越来越稀疏,输入空间中多个区域都不存在对象。此外,对象之间的距离收敛到相同的值,这降低了基于距离的预测和描述技术的性能。诱导具有高预测性能的模型所需的对象数量随着预测属性的数量呈指数增长。解决这个问题的两种方法是增加对象的数量或减少预测属性的数量,由于在许多应用中不可能增加对象的数量,所以唯一可行的替代方法是减少输入维度。

4.6 本章小结

本章讨论了数据质量的各个方面,并描述了数据分析中经常使用的预处理技术。数据集的质量极大地影响了数据质量项目的结果,为了减少或消除数据质量问题,在一个称为数据清洗的过程中,可以使用几种技术。这些技术可以处理诸如缺失值、冗余数据、数据不一致性和噪声等问题。本章对这些问题常用的清洗技术进行了描述,并给出了应用实例。

本章还讨论了数据类型转换的技术,这是预测属性的值需要是另一种类型时的必要操作(例如,数值是名义的,但需要是相对的)。这些技术可以将定量数据转换为定性数据,反之亦然。本章还讨论了不同数据尺度的转换以及可以简化数据分析的数据转换的原因和技术。

本章的最后一个主题是,由于存在大量的预测属性而产生的问题,以及如何通过聚合属性和选择属性子集来减少预测属性的数量。

第5章将介绍两个分析任务之一,即描述性分析,描述如何使用聚类技术从数据集中提取数据组。

4.7 练习

(1) 处理缺失值和噪声数据的过程有相似之处吗?如果有,是什么?

(2) 如何使用位置统计估计缺失值?

（3）不相关、不一致和冗余数据有什么区别？

（4）填充表 4.20 中缺失值。

（5）什么情况下离群值不是噪声数据？什么情况下噪声数据不是离群值？

（6）当定性的名义值转换为定量值时，主要的问题是什么？

（7）如果需要规范化属性的值，那么什么时候使用最小-最大调整比较好？什么时候使用归一化比较好？在填充缺失值之前和之后，将这两种技术应用于表 4.20 中的年龄值。

（8）对于维度诅咒，是增加对象的数量还是减少属性的数量？每种方法的优缺点是什么？

（9）列出使用属性聚合代替原始属性集的 3 个优点和缺点。

（10）当从排名中选择更多的成分时，PCA 会发生什么？

表 4.20　填充缺失值

食物	年龄	距离	关系
中式	—	远	好
意大利	—	非常近	差
地中海	47	非常近	好
意大利	82	远	好
—	—	很远	好
中式	29	—	差
汉堡	—	很远	差
中式	25	近	好
意大利	42	远	好
地中海	25	近	好

第 5 章

聚　类

我们来回顾一下联系人的数据集,假设要组织晚餐来介绍你的一些朋友,并决定在每次见面时,邀请的人都要具有相同受教育程度和年龄。为此,收集如表 5.1 所示的有关朋友的数据。受教育程度是一个数值属性,可以取 1(小学)、2(高中)、3(大学生)、4(大学毕业生)或 5(研究生)的值。十进制数字表示给定的级别正在进行,例如,4.5 表示正在上研究生课程的人。

表 5.1　简单社交网络数据集

姓　名	年龄	受教育程度
Andrew (A)	55	1
Bernhard (B)	43	2
Carolina (C)	37	5
Dennis (D)	82	3
Eve (E)	23	3.2
Fred (F)	46	5
Gwyneth (G)	38	4.2
Hayden (H)	50	4
Irene (I)	29	4.5
James (J)	42	4.1

在前几章中,我们研究了一些可以用于联系人数据的简单数据分析器。虽然这些分析器为我们提供了有趣和有用的信息,但是我们可以通过使用其他更复杂的数据挖掘技术获得更有趣的分析结果。其中一个可以在联系人中找到年龄和受教育程度相似的朋友群体。

我们在前面的章节中已经看到,数据分析建模任务可以大致分为描述性任务和预测性任务。本章将介绍用于描述性任务的一系列重要技术,它们可以通过对数据集进行分区来描述数据集,从而使同一组中的对象彼此相似。这些"聚类"技术已经被开发出来了,并广泛用于将数据集划分为组。聚类技术只使用预测属性定义分区,因此它们是非监督的技术。图 5.1 给出了一个示例,应用聚类技术将 10 人的数据集生成两个聚类。

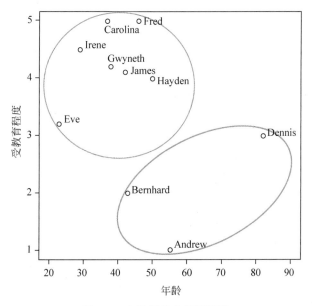

图 5.1 在数据集中使用聚类

　　聚类的数量通常不会预先定义,而是通过反复实验发现的,使用人工反馈或聚类验证措施找到合适数量的聚类,并将一个数据集划分到这些聚类中。图 5.2 所示为将之前的数据集分到 3 个聚类中。

　　聚类的数量越大,聚类内的对象可能就越相似。限制在于要将聚类的数量定义为与对象相等的数量,因此每个聚类只有一个对象。

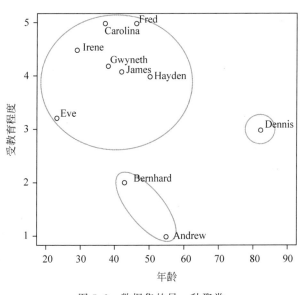

图 5.2 数据集的另一种聚类

5.1　距离度量

在定义相似数据组之前,我们必须就什么是相似的、什么是不相似的(不同的)达成一致。可以用一个数字表示两个事物之间的相似度,也可以说,对某个特定的对象,同一数据集中哪些其他对象更相似,哪些更不相似。将数字与两个对象之间的相似性(和差异性)联系起来的一种常见方法是使用距离度量,最相似的事物之间的距离最小,而最不相似的事物之间的距离则最大。计算事物间距离的方法取决于其属性的尺度类型——它们是定量的还是定性的。

5.1.1　常见属性类型值之间的差异

对于具有相同属性的两个值 a 和 b 之间的差值,可以将其记为 $d(a,b)$。对于定量属性,可以计算绝对差值为

$$d(a,b) = |a - b| \tag{5.1}$$

例 5.1　例如,Andrew($a=55$)和 Carolina($b=37$)的年龄差为 $|55-37|=18$。注意,即使改变值的顺序($a=37, b=55$),结果也是一样的。

如果属性类型是定性的,可以使用适合给定类型的距离度量;如果定性属性有序数值,可以测量它们位置的差异为

$$d(a,b) = (|\text{pos}_a - \text{pos}_b|)/(n-1) \tag{5.2}$$

其中,n 为不同值的个数;pos_a 和 pos_b 分别为 a 和 b 在可能值排序中的位置。

例 5.2　在数据集中,受教育程度可以被认为是一个序数属性,值越大意味着受教育程度越高。因此,Andrew 和 Carolina 的受教育程度之间的差距为

$$|\text{pos}_1 - \text{pos}_5|/4 = |1-5|/4 = 1$$

注意,序数属性不是仅能用数字表示。例如,受教育程度可以有"小学""高中""大学生""大学毕业生"和"研究生"等数值,不过这些数据可以很容易地转换为数字(见 2.1 节)。

如果一个定性属性有名义值,为了计算两个值之间的距离,只须确定它们是否相等(差值为 0)或不相等(差值为 1)。

$$d(a,b) = \begin{cases} 1, & a \neq b \\ 0, & a = b \end{cases} \tag{5.3}$$

例 5.3　例如,因为 Andrew 和 Carolina 的名字不同,所以距离为 1。

一般来说,计算两个对象之间的距离包括聚合它们相应属性之间的距离(通常是差值)。对于我们的数据集,这意味着将两人的年龄和受教育程度的差聚合起来。

最常见的属性类型是具有数值的定量属性以及布尔、字或代码形式的定性属性(顺序和名义的)。数据集的定性属性可以转化为定量属性(见第 2 章),从而用一个数字向量表示数据集中的每个对象(数据表中的行)。

一个由 m 个数量属性向量表示的对象可以映射到 m 维空间。对于简化的数据集,有

"年龄"和"受教育程度"两个属性,如图 5.1 所示,每个人都可以映射到二维空间中的一个对象。两个对象越相似,它们在这个空间中的映射就越接近。现在让我们看看具有定量属性的对象的距离度量。

5.1.2 定量属性对象的距离度量

有些距离度量是闵可夫斯基距离(Minkowski Distance)的特殊情况。具有定量属性的二维对象 p 和 q 的闵可夫斯基距离为

$$d(p,q) = \sqrt{\sum_{k=1}^{m} |p_k - q_k|^r} \tag{5.4}$$

其中,m 为属性个数;p_k 和 q_k 分别为对象 p 和 q 的第 k 个属性值。变量是通过不同的 r 值获得的。例如,对于曼哈顿距离,$r=1$;对于欧氏距离,$r=2$。

曼哈顿距离也称为街区或出租车距离,因为如果你在一个城市,想要从一个地方到另一个地方,它会测量沿着街道走过的距离。对于那些知道毕达哥拉斯定理的人,可能会对欧氏距离比较熟悉,该定理测量直角三角形最长边的长度。

图 5.3 展示了欧氏距离和曼哈顿距离的区别,欧氏距离为 7.07,用对角线表示,另一条线则是曼哈顿距离,长度为 10。

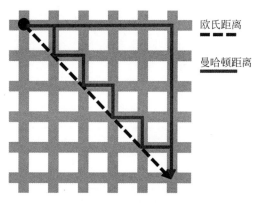

图 5.3 欧氏距离和曼哈顿距离

还有一些属性类型既不是定量的,也不是定性的,但是在数据挖掘中经常遇到。这些属性类型,称为非常规属性,其中包括:

- 生物序列
- 时间序列
- 图像
- 声音
- 视频

所有这些非常规的属性类型都可以转换为定量或定性属性。在这些非常规的属性类型中,最常见的是序列(文本、生物和时间序列)和图像。接下来讨论序列的距离度量问题。

5.1.3 非常规属性的距离度量

汉明距离可用于数值序列,这些值通常是字符或二进制值。二进制值(或二进制数)为1或0,表示真或假。汉明距离是两个字符串中对应字符或符号不同的位置数。

例如,James 和 Jimmy 之间的汉明距离为3,Tom 和 Tim 之间的汉明距离为1。请注意,汉明距离是曼哈顿距离的一个特殊情况,此时的属性只能假定为二进制值(0 或 1)。

对于可以具有不同大小的短序列,可以使用序列距离度量,如莱文斯坦距离,有时也称为编辑距离。编辑距离度量将一个序列转换为另一个序列所需的最小操作数量,可能的操作包括插入(一个字符)、删除(一个字符)和替换(另一个字符)。

例 5.4 字符串 Johnny 和 Jonston 之间的编辑距离为5,因为需要将字符 h、n、n、y 替换为 n、s、t、o(4 种操作),并在末尾添加一个字符 n(第 5 种操作)。在生物信息学中也使用了类似的方法比较 DNA、RNA 和氨基酸序列。

对于长文本,如描述产品或故事的文本,可以使用称为"单词包"的方法将每个文本转换为整数向量。单词包方法首先提取一个单词列表,其中包含要挖掘的文本中出现的所有单词。每个文本被转换成一个定量向量,每个位置都与找到的一个单词相关,其值是该单词在文本中出现的次数。

例 5.5 例如下面的两句话:

A＝I will go to the party. But first,l will have to work.

B＝They have to to go to the work by bus.

这些单词生成的向量如表 5.2 所示。

表 5.2　单词包向量示例

语句	I	will	go	to	the	party	but	first	have	work	they	by	bus
A	2	2	1	2	1	1	1	1	1	1	0	0	0
B	0	0	1	2	1	0	0	0	1	1	1	1	1

现在,欧氏距离可以计算出这些 13 维的定量向量,测量它们之间的距离。本书将在第13 章中讨论单词包等其他技术,可以将文本(或文档)转换为定量向量。

其他常见的序列有时间序列(如医学领域的 ECG 或 EEG 数据)。为了计算两个时间序列之间的距离,一个常见的选择是动态时间规整(Dynamic Time Warping,DTW)距离,它类似于编辑距离。考虑到时间和速度的变化,它返回两个时间序列之间的最佳匹配值。图 5.4 举例说明了两个时间序列之间的最佳一致性。

要计算图像之间的距离,可以使用两种不同的方法。首先,可以从图像中提取与应用相关的特征。例如,对于人脸识别任务,可以提取眼睛之间的距离。每幅图像都由一个实数向量表示,其中每个元素对应一个特定的特征。在第 2 种方法中,首先将每幅图像转换为像素矩阵,其中矩阵的大小与图像所需的粒度相关联,然后可以将每个像素转换为一个整数值。

例如,对于黑色和白色的图像,像素越深,值越大。这个矩阵可以变换成向量。在这两种情况下,距离度量可以与定量属性值的向量相同。

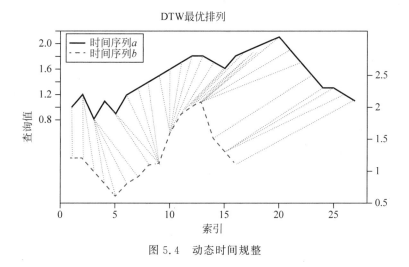

图 5.4　动态时间规整

例 5.6　图 5.5 中的图像代表了大小为 5×5 像素的画布上的字母 A、B 和 C,由于图像是黑白的(两种颜色),所以每个图像都可以用一个 5 行 5 列的二进制矩阵或一个大小为 25 的

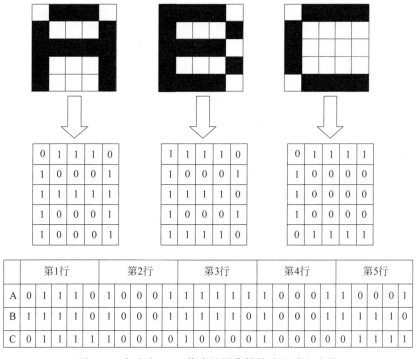

	第1行					第2行					第3行					第4行					第5行				
A	0	1	1	1	0	1	0	0	0	1	1	1	1	1	1	1	0	0	0	1	1	0	0	0	1
B	1	1	1	1	0	1	0	0	0	1	1	1	1	1	0	1	0	0	0	1	1	1	1	1	0
C	0	1	1	1	1	1	0	0	0	0	1	0	0	0	0	1	0	0	0	0	0	1	1	1	1

图 5.5　大小为 5×5 像素的图像转换为矩阵和向量

二进制向量表示,这样就可以一个接一个地复制矩阵的行,换句话说,就是把每幅图像映射到一个 25 维的空间。我们现在可以使用任意的距离度量计算这些图像之间的差异。图像 A 和 B 之间的曼哈顿距离为 6,图像 A 和 C 之间的曼哈顿距离是 11,图像 B 和 C 之间的曼哈顿距离为 9。需要注意的是,对于二进制值(只有 0 或 1)的情形,如果 0 和 1 表示字符或字母,则曼哈顿距离与编辑距离相等。

对于声音或视频等其他类型的数据,和图像类似,很容易通过提取特征的方法转换成定量向量序列。对于声音,它可能是一些低电平的信号参数,如带宽或音高,视频则可以看作是一系列的图像和声音。

5.2 聚类验证

要为数据集找到好的聚类划分,不管使用什么聚类算法,都必须评估划分的质量。与分类任务相比,对给定数据集的最佳聚类算法的识别缺乏明确的定义。

对于分类这种预测任务,预测模型的评估有一个明确的意义,也就是预测模型分类对象的效果如何。对于聚类划分,情况就不一样了,因为好的划分有很多定义,但在聚类任务中经常使用一些验证措施。

下面提出了几种聚类有效性准则,其中一些是自动的,另一些则需要专家输入。聚类划分评价的自动验证措施大致可分为 3 类。

(1) 外部度量:使用外部信息(如类标签)定义给定划分中的聚类质量。两个最常见的外部度量是 RAND 和 Jaccard。

(2) 内部度量:寻找每个聚类内部和/或不同聚类之间的离散性。两个最常见的内部度量是轮廓指数(同时度量紧密度和分离度)和组内平方和(只度量紧密度)。

(3) 相对度量:比较由两个或多个聚类技术或同一技术的多次运行找到的划分。

接下来讨论轮廓指数、组内平方和这两个内部指数,以及 Jaccard 外部指数。

1. 轮廓指数

评估每个聚类的紧密度,并度量:

(1) 和聚类内的其他对象之间的距离;

(2) 不同聚类的分散度,每个聚类中的对象到另一个聚类中最近的对象的距离。

为此,它对每个对象 x 应用以下方程。

$$s(x_i) = \begin{cases} 1 - a(x_i)/b(x_i), & a(x_i) < b(x_i) \\ 0, & a(x_i) = b(x_i) \\ b(x_i)/a(x_i) - 1, & a(x_i) > b(x_i) \end{cases} \tag{5.5}$$

其中,$a(x_i)$ 为 x_i 与聚类中所有其他对象之间的平均距离;$b(x_i)$ 为 x_i 与每个其他聚类中所有其他对象之间的最小平均距离。

所有 $s(x_i)$ 的平均值给出了划分轮廓的测量值。

2. 组内平方和

这也是一个内部度量,但只测量紧密度。它对每个实例和其聚类的质心之间的欧氏距离的平方求和。由式(5.4)可知,具有 m 个属性的两个实例 p 和 q 之间的欧氏距离的平方为

$$\mathrm{sed}(p,q) = \sum_{k=1}^{m} |\ p_k - q_k\ |^2 \tag{5.6}$$

组内平方和由式(5.7)得出。

$$s = \sum_{i=1}^{K} \sum_{j=1}^{J_i} \mathrm{sed}(p_j, C_i) \tag{5.7}$$

其中,K 为聚类的数量;J_i 为聚类 i 的实例数量;C_i 为聚类 i 的质心。

3. Jaccard 指数

这是一种在分类任务中使用的类似度量的变体,它评估每个聚类中对象的分布相对于类标签的均匀程度,计算式如下。

$$J = M_{11}/(M_{01} + M_{10} + M_{11}) \tag{5.8}$$

其中,M_{01} 为其他聚类中对象的数量,但标签相同;M_{10} 为同一聚类对象的数量,但标签不同;M_{00} 为其他聚类中对象的数量,且标签不同;M_{11} 为同一聚类中对象的数量,且标签相同。

5.3 聚类技术

由于我们已经知道如何度量记录、图像和单词之间的相似性,因此可以继续研究如何使用聚类技术得到组/聚类。聚类技术有数百种,可以用不同的方式进行分类。其中之一是如何创建划分,它定义了如何将数据分为组。大多数技术在一个步骤中定义划分(划分聚类),而其他技术则逐步定义,增加或减少聚类的数量(层次聚类)。图 5.6 列出了划分聚类和层次聚类的区别。此外,在许多技术中,每个对象必须属于一个聚类(CRISP 聚类),但是对于其他对象,每个对象可以不同程度地属于几个聚类(范围从 0%(不属于)到 100%(完全属于))。

另一个标准是用于聚类定义的方法,确定要包含在同一聚类中的元素。根据这个标准,聚类的主要类型如下。

(1) 基于分离:聚类中的每个对象都比聚类外的任何对象更接近聚类中的每个其他对象。

(2) 基于原型:聚类中的每个对象都更接近于表示聚类的原型,而不是表示任何其他聚类的原型。

(3) 基于图表:通过一个图结构呈现数据集,该图结构将每个节点与一个对象关联起来,并将属于同一聚类的对象与一条边连接起来。

(4) 基于密度:该聚类是一个区域,其中的对象有大量的近邻(即一个密集区域),且被一个低密度的区域包围。

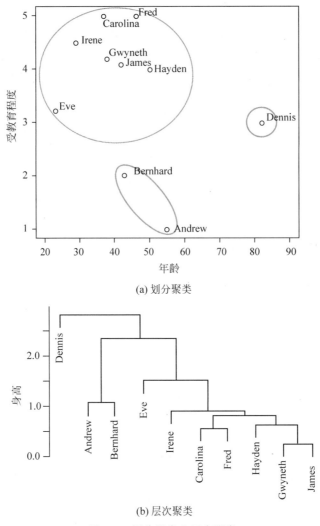

(a) 划分聚类

(b) 层次聚类

图 5.6   划分聚类和层次聚类

(5) 共享属性：该聚类共用某种属性的对象组。

接下来我们将介绍 3 种不同的聚类方法，它们代表了不同的聚类方式。没有哪个比其他的更好，我们将会看到，每种方法都有其优点和缺点。这 3 种方法如下。

(1) K 均值：最常见的聚类算法，代表了传统以及基于原型的聚类方法。

(2) DBSCAN：另一种划分聚类方法，但在本例中是基于密度的。

(3) 凝聚层次聚类：层次聚类和基于图的聚类方法的代表。

5.3.1 K 均值

质心是理解 K 均值的一个重要概念，其代表了一组实例的某种重心。我们首先描述其概念，然后解释 K 均值如何工作、如何读取结果以及如何设置超参数。

1．中心点和距离测量

质心也可以看作是聚类中所有对象的原型或概况，如聚类中所有对象的平均值。因此，如果我们有几张关于猫和狗的照片，把所有的狗放在一个聚类中，所有的猫放在另一个聚类中，狗聚类中的质心就是一张代表所有狗照片平均特征的照片。因此，可以观察到，聚类的质心一般不是聚类中的一个对象。

例 5.7 Bernhard、Gwyneth 和 James 这 3 位联系人的质心是他们的平均年龄和受教育程度：41 岁（43 岁、38 岁和 42 岁的平均值）和 3.4（2.0、4.2 和 4.1 的平均值）。可以看到，这 3 位联系人都没有这种年龄和受教育程度。

为了将聚类的某个对象作为原型，使用中心点而不是质心。聚类的中心点是与聚类中其他实例间距离最短的实例。

例 5.8 使用相同的例子，3 位联系人的中心点是 Andrew，因为他是与其他两位联系人距离平方和最短的联系人，这个度量被称为组内平方和（参见式（5.7））。由表 4.12 可知，James(J) 的组内平方和为 $2.33+4=6.33$。而另外两位朋友，Bernhard(B) 和 Gwyneth(G) 的组内平方和更高，分别为 7.79 和 9.46。

我们已经看到，根据所拥有的数据，可以使用几种距离度量。K 均值也是一样，默认情况下，使用欧氏距离，假设所有属性都是定量的。对于其他特性的问题，应选择不同的距离度量。距离测量是 K 均值的主要超参数之一。

2．K 均值如何工作

图 5.7 形象地展示了 K 均值的工作方式，其遵循了 K 均值算法，伪代码如下所示。

K 均值算法

1）输入数据集 D；
2）输入距离度量 d；
3）输入聚类数量 K；
4）定义初始 K 个中心体（它们通常是随机定义的，但可以在某些软件包中明确定义）；
5）重复
6）　　根据所选距离度量 d 将 D 中的每个实例与最近的质心关联；
7）　　使用与之相关的所有实例重新计算每个质心；
8）直到没有实例从 D 中改变相关联的质心．

通过 K 均值找到的聚类总是凸形状的，如果连接聚类中任意两个实例的连线位于聚类内，则聚类实例具有凸形状（见图 5.8），实例包括超立方体、超球体或超椭球体。特定的形状取决于闵可夫斯基距离中的 r 值和输入向量中的属性个数。例如，假定 $r=1$（曼哈顿距离），如果属性数量为 2，则聚类为正方形；如果属性数量为 3，则为立方体；如果属性数量大于 3，则为超立方体。如果 $r=2$（欧氏距离），属性数量为 2 的聚类为圆，属性数量为 3 的聚类为球，属性数量大于 3 的聚类则为超球。

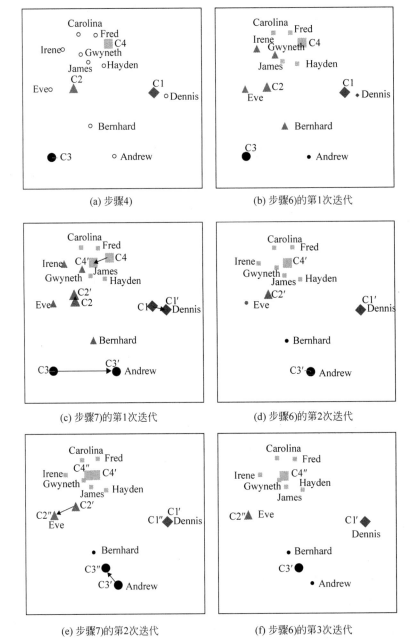

(a) 步骤4)

(b) 步骤6)的第1次迭代

(c) 步骤7)的第1次迭代

(d) 步骤6)的第2次迭代

(e) 步骤7)的第2次迭代

(f) 步骤6)的第3次迭代

图 5.7　K 均值,$K=4$(大的符号代表中心体,实例按照 K 均值算法逐步进行)

　　其他距离度量将给出其他凸形状。例如,如果使用马氏距离,则属性数量为 2 的聚类为椭圆,属性数量为 3 的聚类为椭圆体,属性数量大于 3 的聚类则为超椭圆体。

　　如果一个划分给出的聚类具有某种非凸形状,则应该使用另一种技术查找划分。在使用距离度量时,还应该注意数据要标准化,如 4.3 节所示。

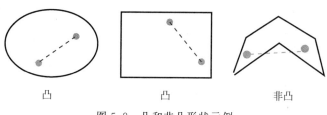

图 5.8 凸和非凸形状示例

随机产生的质心数目是第 2 个超参数,通常用字母 K 表示。现在你知道为什么这个方法以字母 K 开头了。那为什么还有"均值"这两个字?

在有了聚类结果后,如何对它们进行评估?下面我们就要进行介绍。无论使用哪种工具,都可以查看每个聚类的实例(如表 5.3 所示)。通常,聚类按递增顺序编号,从 0 或 1 开始。

表 5.3 根据图 5.7,每位联系人所属的聚类

A	B	C	D	E	F	G	H	I	J
3	3	4	1	2	4	4	4	4	4

如图 5.6 所示,我们也可以绘制聚类,但是,当属性的数量大于 2 时,分析就比较复杂了。有很多方法可以做到这一点,如使用主成分分析(参见 4.5.1 节)。

另一种显示聚类结果的方法则是质心分析,但需要小心。例如,在使用 K 均值等聚类方法之前,应该对定量数据进行规范化。因此,质心一般是规范化的(见表 5.4)。

我们已经从 4.3 节中了解了什么是规范化以及如何对规范化数据进行解释。要分析聚类中心,若在使用 K 均值之前对数据进行了规范化,那么需要理解质心是规范化的。如何读取规范化数据?规范化数据通常在 −3 和 3 之间变化。负值越大,其平均值越低;一个值越正,它就越高于平均值。对于每个属性,该值表示偏离质心属性平均值的上下多少。但是,更重要的是,它显示了哪些属性最能区分两个聚类。

表 5.4 示例数据集的规范化质心

质心	年龄	教育
1	−0.55	−0.13
2	1.94	−0.38
3	−1.31	−1.97
4	0.70	1.01

例 5.9 经过分析上述 4 个质心,可以看到聚类 3 的成员平均年龄较小,受教育程度较低;聚类 4 的成员平均受教育程度最高;聚类 2 的成员平均年龄较大;而聚类 1 成员的年龄和受教育程度都略低于平均水平。我们也可以将质心去标准化,以得到原始测量值(参见 4.3 节)。以聚类 2 的质心为例,年龄为 $1.94 \times 16.19 + 44.5 = 75.90$ 岁,受教育程度则为

$-0.38 \times 1.31 + 3.6 = 3.10$。

我们仍然不知道如何设置超参数。距离度量很简单,它取决于数据的特性,这个话题之前已经讨论过了。K 的值是多少?怎么设置呢?

我们从一个问题开始介绍。如果聚类的数量等于实例的数量,那么组内平方和是多少(参见式(5.7))?是 0!为什么?因为每个实例都是不同聚类的质心,如图 5.7(a)~图 5.7(f)中 Dennis 和 C1 的位置。所以,一般来说,质心越多,组内平方和就越小。但是,没有人希望拥有大小只有 1 的聚类,因为它在数据描述方面毫无意义,当然也不希望只有一个聚类。如果计算不同 K 值的组内平方和(有些软件包可以做到)并绘制线状图,就会得到图 5.9 所示的曲线。

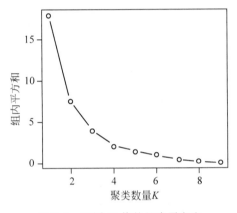

图 5.9 不同 K 值的组内平方和

它被称作肘部曲线,原因很明显(尽管这个弯有点圆),K 的取值是曲线近似于直线和水平的那个值,也就是肘部的位置。在本例中,$K=4$(或 3),这是定义 K 值的一种简单而有效的方法。

表 5.5 总结了 K 均值的主要优点和缺点。

表 5.5　K 均值的优缺点

优　　点	缺　　点
• 计算效率 • 经常获得良好的结果:全局最优	• 通常,由于质心文本的随机初始化,每次运行 K 均值的结果都不同 • 需要提前定义聚类的数量 • 不处理有噪声的数据和异常值 • K 均值只能找到聚类具有凸形状的划分

5.3.2　DBSCAN

与 K 均值类似,DBSCAN(带噪声应用的基于密度的空间聚类)也用于划分聚类;与 K 均值不同,DBSCAN 自动确定聚类的数量。DBSCAN 是一种基于密度的技术,它将形成密集区域的对象定义为属于同一聚类,而不属于密集区域的对象则被认为是噪声。

高密度区域的识别是通过首先识别核心实例来实现的。核心实例 p 直接达到的其他实例最少,这个最小值是一个超参数。要被认为是"直接可达的",实例 q 到 p 的距离必须小于预定义的阈值(用 ε 表示)。ε 是另一个超参数,常称为半径。如果 p 是一个核心实例,那么它与所有可以从它直接或间接访问的实例一起组成一个聚类。每个聚类至少包含一个核心实例,但非核心实例可以是聚类边缘的一部分,因为不能用它们访问更多实例。DBSCAN 还具有一些随机性,因为当有多个核心实例可以直接访问某个给定实例时,需要决定将该实例附加到哪个核心实例。尽管如此,随机化通常不会对聚类的定义产生有意义的影响。

图 5.10 给出了一个使用 DBSCAN 进行分析的实例,其中使用图中所示的半径作为超参数,且实例数量最少为两个。我们可以看到一个聚类(Carolina,Fred,Gwyneth,Hayden,Irene 和 James)和 4 个离群值(Andrew,Bernhard,Dennis 和 Eve)的存在。

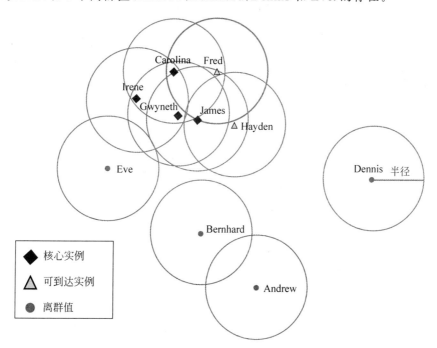

图 5.10 使用最少数量为 2 的示例数据集的 DBSCAN

为了更好地表示 K 均值和 DBSCAN 之间的差异,我们可以在图 5.11 中看到一个不同的数据集,它更好地显示了差异。对于 K 均值,我们将聚类的数量定义为 2,而对于 DBSCAN,使用 3 作为实例的最小数量,并将 ε 设置为 2。

DBSCAN 的评估结果没有任何特殊的特点,在 DBSCAN 中也没有质心,可以评估每个聚类的实例。

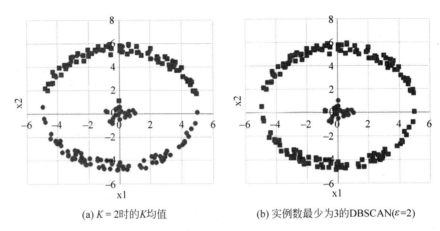

(a) $K = 2$时的K均值   (b) 实例数最少为3的DBSCAN($\varepsilon=2$)

图 5.11 K 均值与 DBSCAN 的比较

    DBSCAN 的主要超参数是将给定实例划分为核心所需的最小实例数,某个实例的最大距离应该是直接可达的。尽管存在一些超参数设置的研究,但通常的做法是测试不同的值,并基于观察到的聚类和异常值的数量,分析得到的结果是否可以接受。距离度量也是一个超参数,应该根据属性的尺度类型进行选择。

    表 5.6 总结了 DBSCAN 的主要优点和缺点。

表 5.6   DBSCAN 的优缺点

优 点	缺 点
• 可以检测到任意形状的聚类 • 对离群值的鲁棒性	• 由于一些随机性,每次运行 DBSCAN 的结果可能会有些不同,但结果通常不会有太大的差异 • 计算上比 K 均值更复杂 • 设置超参数值比较困难

5.3.3   聚合层次聚类技术

    层次算法逐步构建聚类,需要从单个聚类中的所有实例开始并逐步划分,也可以通过从与实例数量相同的聚类开始并逐步将它们连接起来实现。第 1 种方法是自顶向下,第 2 种方法是自底向上。

    聚合层次聚类是一种自底向上的聚类方法,我们将用自己的例子展示这个方法。首先需要计算所有实例对之间的距离。为此,我们使用规范化数据和欧氏距离。由于实例和它本身之间的距离总是 0,因此对角线也总是 0。因为这个矩阵是对称的,所以只给出了一半。例如,Andrew 和 Bernhard 之间的距离等于 Bernhard 和 Andrew 之间的距离,所以说矩阵的另一半是没有必要的(见表 5.7)。

表 5.7 聚合层次聚类的一次迭代

	A	B	C	D	E	F	G	H	I	J
A	0									
B	1.07	0								
C	3.26	2.33	0							
D	2.26	2.53	3.17	0						
E	2.60	1.54	1.63	3.65	0					
F	3.11	2.31	0.56	2.70	1.98	0				
G	2.67	1.71	0.62	2.87	1.20	0.79	0			
H	2.32	1.59	1.11	2.12	1.78	0.80	0.76	0		
I	3.13	2.10	0.63	3.47	1.06	1.12	0.60	1.35	0	
J	2.51	1.61	0.76	2.61	1.36	0.73	0.26	0.50	0.86	0

接下来找到距离最短的一对,在本例中是 Gwyneth-James,下一步是创建另一个少一行和一列的矩阵。在这个地方,Gwyneth 和 James 将被视为一个单独的对象 GJ(见表 5.8)。目前仍然存在一个问题,如何计算任何实例到 GJ 的距离?在这个例子中,我们使用平均连接标准。例如,Eve 和 GJ 之间的距离是 Eve 和 Gwyneth(1.20)以及 Eve 和 James(1.36)之间距离的平均值,也就是 1.28。

表 5.8 聚合层次聚类的二次迭代

	A	B	C	D	E	F	GJ	H	I
A	0								
B	1.07	0							
C	3.26	2.33	0						
D	2.26	2.53	3.17	0					
E	2.60	1.54	1.63	3.65	0				
F	3.11	2.31	0.56	2.70	1.98	0			
GJ	2.59	1.66	0.69	2.74	1.28	0.76	0		
H	2.32	1.59	1.11	2.12	1.78	0.80	0.63	0	
I	3.13	2.10	0.63	3.47	1.06	1.12	0.73	1.35	0

在每个步骤中,由于两个单元格的聚合,将从矩阵中删除一行和一列。在矩阵的大小为 2 时结束(两行两列)。而对于一个有 n 个实例的问题,会有 $n-1$ 步。

在上面的例子中,Eve 和 GJ 之间的距离是 Eve 和 Gwyneth 以及 Eve 和 James 之间距离之和的平均值。下面我们还会看到其他方法。

1. 连接标准

假设有两组实例,如何计算这两组实例之间的距离?下面提出了 4 个最常用的连接标准。

(1)单一连接:度量最接近的实例之间的距离,每个集合一个,适用于优势聚类,如图 5.12(a)所示。

（2）完整连接：度量距离最远实例间的距离，每个集合一个实例，适用于类似聚类，如图 5.12(b)所示。

（3）平均连接：度量每对实例间的平均距离，每个集合一对实例。它介于前两种方法之间，如图 5.12(c)所示。

（4）Ward 连接：用于测量合并后聚类内方差的增加，支持紧凑的聚类。

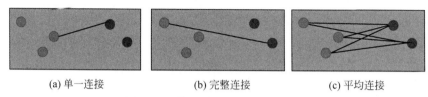

(a) 单一连接　　　　　　(b) 完整连接　　　　　　(c) 平均连接

图 5.12　单一、完整和平均连接标准

我们来看这 4 个连接标准如何应用于数据集，如图 5.13 所示。

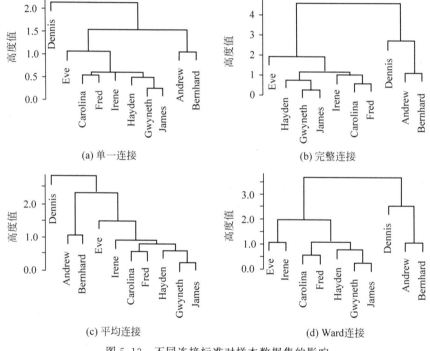

图 5.13　不同连接标准对样本数据集的影响

值得注意的是，单一连接和平均连接标准并没有太大的不同，主要的区别在于 Irene。完整连接和 Ward 连接也相对类似，主要不同之处也和 Irene 有关。不过，与完整连接和 Ward 连接相比，单一连接和平均连接表现出更有意义的差异。事实上，后两个连接标准有两个定义良好的聚类，而前两个聚类则有一个异常值(Dennis)。

但是，为了更好地理解图 5.13，我们来看看如何阅读树状图，这是层次聚类中的一个重要课题。

2．树状图

利用与每个矩阵间的最小距离(第一矩阵和第二矩阵的值分别为 0.26 和 0.56)，可以绘制所谓的树状图，如图 5.14 所示。连接 Gwyneth 和 James 的水平分支的高度值为 0.26，即平均连接的高度值，而连接 Carolina 和 Fred 的水平分支的高度值则为 0.56。

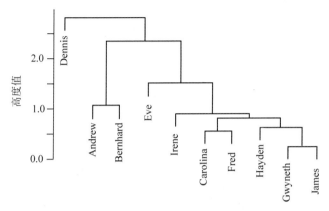

图 5.14　聚合层次聚类定义的树状图，平均连接标准

从树状图中很容易得到所需的聚类数。如果我们想要 4 个聚类，应该看看最高水平分支 4－1＝3。这些分支定义了 4 个聚类：Dennis 在第 1 个聚类中，Andrew 和 Bernhard 在第 2 个聚类中，Eve 在第 3 个聚类中，其他的则都在第 4 个聚类中。如你所见，这个图很容易理解。但是应该始终注意到，聚类定义的相似性很大程度上取决于距离度量如何"捕捉"不同概念的方式。

树状图的优点之一在于可以很容易地识别离群值。在这种情况下，最高的分支(最大的距离)只有一个元素在一边，而所有其他的元素在另一边。Dennis 就是这种情况，主要是因为他比其他人年龄大得多。

树状图是分析层次聚类结果的主要工具，也可以从树状图生成一定数量的聚类。利用这种可能性，可以评估每个聚类的实例，对于不太大的数据集，树状图已经是一种评估的有效方式了。

聚合层次聚类的主要超参数是距离测度和连接标准。上述两种情况都已在前面介绍过。

表 5.9 总结了聚合层次聚类的主要优点和缺点。

表 5.9　聚合层次聚类的优缺点

优　　点	缺　　点
• 易于解释，但对于大型数据集更混乱 • 设置超参数很容易	• 在计算上比 K 均值更复杂 • 对于几个领域，对树状图的解释相当主观 • 经常给出局部最优：4.5 节有一个典型的问题查找方法

5.4 本章小结

本章介绍了数据分析中常用的一种技术,即聚类分析。聚类技术的研究涉及范围很广,这里介绍该领域当前的一些趋势。

当前研究的一个领域是通过对象和属性同时分组创建聚类。因此,如果数据集以表的形式(见表 5.1)出现,那么聚类技术的应用将对行(实例/对象)进行分组,而对该数据集应用双聚类技术将同时对行和列(属性)进行分组。生成的每个双聚类是对列的子集具有类似值的行的子集,或对行的子集具有类似值的列的子集。

在一些实际应用中,数据是连续生成的,进而形成数据流。将聚类技术应用于不同时刻的数据流可以产生不同的划分。聚类的大小和形状可能会发生变化,出现现有聚类的合并或划分,以及包含新的聚类。在数据流挖掘中使用的聚类技术,必须能在处理和内存使用方面有效地应对不断增长的数据量。

BIRCH(使用层次结构的平衡迭代减少和聚类)这种特殊的技术,已经被设计出来以满足这些需求,并已经成功地用于数据流挖掘。BIRCH 有两个阶段,在第 1 阶段,它扫描数据集并逐步构建一个分层数据结构,称为聚类特征树(CF-Tree),其中每个节点存储从相关聚类中提取的统计数据,而不是聚类中的所有数据,这样就节省了计算机内存;在第 2 阶段,对 CF-Tree 的叶节点中的子聚类应用另一种聚类算法。

K 均值等一些聚类技术,可以在每次运行中生成不同的划分,这是因为它们随机生成初始质心。利用不同的聚类技术获得的划分通常是不同的,即使这些划分对验证索引有不同的值,它们也可以提取数据的相关方面。理想的情况是在划分中找到一个模式或“共识”。集成技术的使用,使不同的划分可以组合成一个一致的划分。例如,尝试将出现在同一聚类中大多数划分中的实例保持在一起。

大量的属性是真实数据集中常见的问题,有些属性是相关的,有些是不相关的,还有些是冗余的。它们的存在会增加计算成本并降低所找到的解决方案的质量。特征选择技术可以确定最相关的特征,从而降低成本并提供更好的解决方案。虽然看起来很简单,但是特征选择是数据分析的一个关键挑战。在监督任务中,类标签可以指导特征选择过程。而在聚类分析等非监督任务中,由于缺乏类标签的信息,就加大了特征选择过程中相关特征的识别难度。所选择的特性对所找到的划分有很大的影响。

如果我们使用外部信息,如哪些对象应该(或不应该)在同一个聚类中,那么通过聚类技术可以提高划分的质量。例如,如果知道数据集中某些对象的类标签,那么相同聚类中已标记的对象应该来自相同的类。利用外部信息帮助聚类被称为半监督聚类。一些真正的任务可以受益于半监督学习的使用,异常检测就是其中之一,它查找数据集划分中与同一聚类大多数其他对象不同的对象。

5.5 练习

(1) 使用社交网络数据集,对不同的 K 值($K=2$、$K=3$ 以及 $K=5$)运行 K 均值算法。

(2) 使用社交网络数据集,运行 DBSCAN 算法,测试两个主要超参数的不同值。

(3) 使用社交网络数据集,运行聚合层次算法,绘制生成的树状图。

(4) 如果改变向 K 均值算法输入数据的顺序,会发生什么? 使用社交网络数据集找出答案。

(5) 计算 composition 与 conception 之间的编辑距离。

(6) 分析图 5.15 中的树状图,其中为美国的一个政党在几次选举过程中得到的数据。

① 该党派在哪个州的选举结果更像下面两个州?

A. 密歇根州

B. 威斯康星州

② 只考虑从阿拉斯加到德克萨斯的几个州,对于下面两种情况,每个聚类的成员是什么?

A. 3 个聚类

B. 8 个聚类

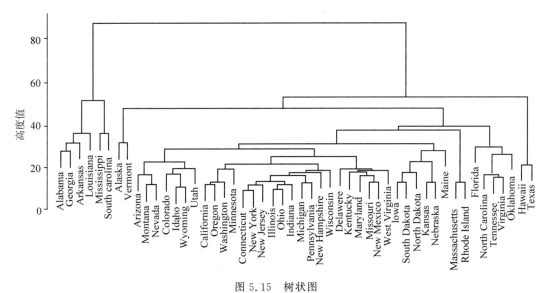

图 5.15 树状图

(7) 通过定量向量表示图 5.16 中"太空入侵者"的图像,并使用欧氏距离、曼哈顿距离和汉明(或编辑)距离度量计算它们之间的距离(即它们的相似度)。

(8) 一些聚类算法生成的划分具有任意形状,而另一些算法则限制了所形成的聚类形状。描述每组算法与其他组相比的一个优点和一个缺点。

（9）写 3 篇至少包含 3 句话的短文。以单词包的形式表示这些文本，并根据这种格式计算它们的距离。

图 5.16　太空入侵者

第 6 章

频繁模式挖掘

在第 5 章中,我们看到了如何将具有相似属性(年龄和受教育程度)的对象(联系人)分配给某个集合(聚类)。让我们以某种相反的方式思考下面的问题。

(1) 我们能找到许多对象共有的属性组合吗?

(2) 这些组合之间是否存在显著(或确信)的联系?

为了把这些问题放在我们的例子中,我们可能会问,是否能够找到许多人都喜欢的美食类型的组合,以及这些组合是否能够以某种方式给予我们一定的信心。为此,让我们使用每个人喜欢的烹饪方式的信息扩展数据,如表 6.1 所示。

表 6.1 联系人美食偏好数据

联系人	阿拉伯	印度	地中海	东方	快餐
Andrew		√	√		
Bernhard		√		√	√
Carolina		√	√		
Dennis	√		√		
Eve				√	
Fred		√	√	√	
Gwyneth	√		√		
Hayden		√		√	√
Irene		√	√	√	
James	√		√		

在讨论这些属性组合或如何度量它们之间关联的置信度之前,让我们先看看表 6.1 中的数据。乍一看,它像一个普通的"对象-属性"表,与表 1.1 类似,不过还是存在一些不同之处。首先,表 1.1 中的属性"年龄"和"受教育程度"具有简单而定义明确的域(数字)并能直接表示一个人的特征。相比之下,表 6.1 中的列表示的概念(在我们的例子中是美食类型)可能有更复杂的定义和域。我们将这些概念称为"项"。其次,表 6.1 单元格中的值并不表示对象的具体属性值,而是表示对象(人员)和项(美食类型)之间连接的"存在"。

这种数据类型在商业领域中很常见,其中每行都称为一个事务,代表购买或购物篮,每项则代表一件产品。包含标记的非空单元格表示给定项以某种方式连接到给定事务,表示订购或购买。这类数据的通用名称是"事务性数据",如表 6.2 所示,它以所谓的稀疏形式表示,之所以这么说,是因为连接到单个事务的项数通常比所有可用项的数量少得多。其他领域也能找到相同类型的数据,例如,对于第 13 章讨论的推荐系统,行(事务)表示用户,列(项)表示电影,而标记表示给定的用户和电影是连接的,即他们已经看过、喜欢或收藏了它。

表 6.2 从表 6.1 创建的事务性数据

事务 ID	连接到事务的项
Andrew	印度、地中海
Bernhard	印度、东方、快餐
Carolina	印度、地中海、东方
Dennis	阿拉伯、地中海
Eve	东方
Fred	印度、地中海、东方
Gwyneth	阿拉伯、地中海
Hayden	印度、东方、快餐
Irene	印度、地中海、东方
James	阿拉伯、地中海

本章介绍的频繁模式挖掘的典型任务如下。

(1)查找频繁项集:目的是查找在不同事务中一起出现的"项集"(见下文)。

(2)发现关联规则:目的是发现项集之间有趣的关系。

下面简要介绍另一个任务。

发现频繁序列:旨在发现频繁的项序列,不一定是连续的,但以相同的顺序出现。

人们开发了频繁模式挖掘方法来处理大型超市(数以万计的商品和数百万的交易)和社交媒体网站(数百万的用户和视频)中记录的非常大的数据集,这里只举两个例子。对于前面确定的每个任务,通常根据给出结果的效率对现有的不同方法进行分类。但结果本身应该是相同的,与使用的方法无关。

6.1 频繁项集

项的任意组合称为"项集",其本质上是所有项集 Z 的任意子集。我们来考虑一下可能的项集(项组合)的数量。可能的项集数量为 $2^{|Z|}-1$,其中 $|Z|$ 为 Z 中项的个数。

例 6.1 在本例中,$Z=\{$阿拉伯,印度,地中海,东方,快餐$\}$ 是包含了 5 个项的集合,子集 $\{$快餐$\}\{$印度,东方$\}$ 以及 $\{$阿拉伯,东方,快餐$\}$ 分别是大小为 1、2 和 3 的项集。对于可以从 Z 中得到所有项目,长度为 1 的有 5 个,长度为 2 和 3 的都是 10 个,而长度为 4 的有 5 个,长度为 5 的则只有一个。因此,从 Z 中能得到的项集的总数量为 $5+10+10+5+1=31=32-1=2^5-1$。

如表 6.2 所示,首先定义一个度量表示事务数据中某个项集出现的频数,这里的数据为

P。这种度量称为"支持度",它的计算方法是给定项集所在的事务(P 中的行)数与数据中所有事务数之间的比率。

例 6.2 对于表 6.2,P 中的单项"快餐"的支持度为 2 或 0.2(20%),这是因为它出现在 10 行中的两行。换句话说,包含"快餐"的事务数量与所有事务数量之比为 2/10=0.2,即 $0.2 \times 100\% = 20\%$。支持印度菜和东方菜的组合(项集{印度,东方})为 5 或 0.5(50%),也就是说,5/10 的事务中既有印度项,也有东方项。在本章中,我们将使用绝对频数表示项集的支持度(如 2、5 或任何其他数字),不过应该记住的是,这取决于应用程序和某些软件工具是否可以使用小数,如 0.2、0.5 等,也就是相对频数。

给定所有可用项 Z、事务数据 P 和最小支持度阈值 min_sup 的集合,频繁项集挖掘的目的是寻找由 Z 生成的那些项目集,也就是"频繁项集",其中 P 的支持度至少为 min_sup。

现在,我们可以提出所谓的"朴素算法"来找出事务数据中的所有频繁项集。我们需要做的工作包括从 Z 中生成所有不同项集,统计 P 中的支持度个数以及过滤掉那些支持度小于预定义的 min_sup 的项集。当 Z 只包含非常少的项时,这种算法是可以接受的,但当项的数量变得太大时,它将遭受所谓的"指数爆炸",换句话说,计算成本将是无法承受的。

例 6.3 假设生成一个项集并计算其支持度的计算时间为 1ms,则对于 5 个项($|Z|=5$),朴素算法需要生成 31 个项集并统计它们的支持度,因此运行时间为 31ms。表 6.3 描述了不同大小 Z 的不同项集的数量和预期运行时间。

表 6.3　Z 大小增长的组合爆炸

Z 中的项数	可能的项集数量	预期运行时间
5	31	31ms
10	1023	>1s
20	1 048 576	>17min
30	1 073 741 823	>12 天
40	$>10^{12}$	>34 年
50	$>10^{15}$	>35 年

6.1.1　设置最小支持度阈值

下面讨论一下最小支持度阈值 min_sup,这是一个非常重要的超参数,用户必须根据他们期望的结果仔细设置。

将其设置为一个非常小的数值会产生大量的项集,这些项集太具体而不能被认为是"频繁"的,这些项集可能应用场合太少,体现不出用处。

另外,如果最小支持度阈值非常大,那么项集的数量就会很小。这些都太常见了,没有什么用处。因此,结果信息可能不会给用户带来新知识。

最小支持度阈值的另一个重要方面在于,结果是否足够小以供后续频繁项集的分析。想要分析成千上万的项集吗?在 6.3 节中,还将讨论关于模式质量的一些问题。

例 6.4 如图 6.1 所示,从 Z={阿拉伯,印度,地中海,东方,快餐}得到所有项集,被组织为一个所谓的"栅格"。每个项集都连接到它上面的子集和下面的超集,最上面的项集(编号为 0)是一个空集,因此不应该将其视为项集,将其引入栅格只是为了完整性。对于每个项集,还列出了相应的事务 ID(如表 6.2 中的姓名),表示给定项集的支持度。

13 个项集的支持度大于或等于 2,9 个项集的支持度大于或等于 3(图 6.1 中较深的灰色阴影)。另外,没有支持度大于 7 的项集。

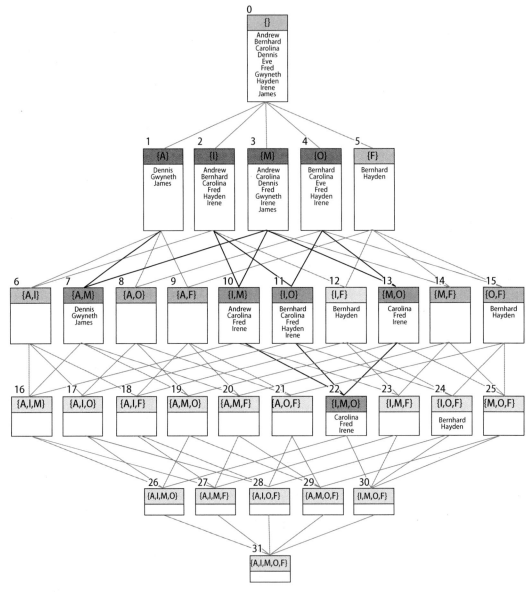

图 6.1 根据子集与超集间的关系将项集放到栅格中,Z 的成员是表 6.2 中
介绍的 5 种美食的简写,如 A 代表阿拉伯菜、I 代表印度菜等

min_sup 控制产生的频繁项集的数量,但是有什么方法可以避免处理(生成和测试)所有可能的项集吗? 幸运的是,有两个非常简单但有效的定理可以帮助我们,称为单调性定理或单调性规则,内容如下。

(1) 如果一个项集是频繁的,那么它的每个子集也是频繁的。

例 6.5 令图 6.1 中编号为 22 的项集{I,M,O}频繁出现,其支持度为 3。当然,包含这个项集的每个事务也包含这个项集的每个子集。这就意味着每个项集{I,M},{I,O},{M,O},{I},{M}和{O}(分别编号为 10,11,13,2,3 和 4)的支持度也至少为 3。实际上,这些项集的支持度分别为 4,5,3,6,7,6,都大于或等于 3。换句话说,如果有一个频繁项集,那么所有通过通道连接到它的项集也都是频繁的,支持度大于或等于给定项集的支持度。

(2) 如果一个项集不频繁,那么它的超集都不会频繁。

例 6.6 将图 6.1 中编号为 12 且支持度为 2 的项集{I,F}改为不频繁,如果向这个项集添加任何其他项,包含扩展项的事务当然也会更少,也就是说,扩展后项集的支持度最多为 2。这个项集的所有超集,通过栅格向下的路径都不是频繁的。这些是编号为 18,23,24,27,28,30 和 31 的项集,它们的支持度都小于或等于 2。

频繁项集挖掘方法的一般原则是遍历项集栅格(见图 6.1),以搜索那些支持度大于或等于预定义最小支持度阈值的项集,所开发的各种方法在如何有效地遍历所有可能项集栅格以及如何表示这些项集时各不相同。此外,不同的实现使用不同的方法优化计算时间和内存使用,但结果本身应该是相同的,与使用的方法无关。下面将介绍 3 种主要方法。

6.1.2 Apriori——基于连接的方法

挖掘频繁项集的最古老和最简单的技术涉及所谓的"基于连接"的原则,接下来做具体介绍。

例 6.7 图 6.2 所示为数据集在最小支持阈值 min_sup=3 时的 Apriori 准则。算法的第 1 步,计算每个长度为 $k=1$ 的项集的支持度,得到 4 个频繁项集和一个非频繁项集。在下一步中,会从长度 $k=1$ 的频繁项集中生成长度 $k=2$ 的项集,因此不考虑包含项 F 的项集。在接下来的步骤中,会生成 4 个频繁项集,这些频繁项集用于得到长度为 $k=3$ 的项集。

Apriori 算法

```
1) 输入事务数据集 P;
2) 输入最小支持度 min_sup;
3) 设置 k = 1;
4) 设置 stop = False;
5) 重复
6)     选择所有长度为 k 的频繁项集(至少支持 min_sup);
7)     if 没有两个长度为 k 的频繁项集 then
8)         stop = True;
9)     else
10)        设置 k = k + 1;
11) 直到 stop;
```

值得注意的是,在此步骤中只合并长度为 $k=2$ 的项集,从而得到长度为 $k+1=3$ 的项集。例如,将长度为 2 的项集{I,M}和{I,O}合并为长度为 3 的项集{I,M,O},因此它们在这一步中合并。{A,M}和{I,O}没有合并,因为这样做会导致项集{A,I,M,O}的长度为 4,而不是 3。另外,项集只作为候选项出现,这样它的每个子集都是一个频繁项集。例如,项集{A,M}和{I,M}不考虑合并,因为合并后的项集{A,I,M}是{A,I}的超集,而后者不是频繁项集。

第 3 次迭代只产生一个频繁项集,由于没有长度为 3 的两个项集要合并,计算将停止。对于最小支持阈值 min_sup=3,存在 9 个频繁项集。

如上述示例所示,利用上面的两个单调性定理(一个频繁项集的所有子集都是频繁的,一个非频繁项集的所有超集都不是频繁的),可以大大减少计算量。在算法的每次迭代中,能够生成和度量支持度的项集称为"候选项集"。上述示例生成了 12 个候选项集,其中 9 个是频繁出现的,阈值 min_sup=3。如果未利用单调性定理,我们将不得不生成 $2^5-1=31$ 个候选项集并检查它们的支持度。利用 Apriori 算法,我们只处理了其中的 12 个,也就减少了 60% 以上的计算时间。

图 6.2 中用来说明 Apriori 原理的结构称作"枚举树"。枚举树包含按长度(从上到下)排序的候选项集,也包含按字典顺序(从左到右)排序的候选项集。这种顺序定义了一个祖先关系,其中每个"父"项集都是其"子"项集的子集,反之亦然,每个子项集是其父项集的超集。

在本质上,所有频繁项集挖掘方法都可以看作 Apriori 方法的变种,利用各种策略探索枚举树定义的候选项集的空间。

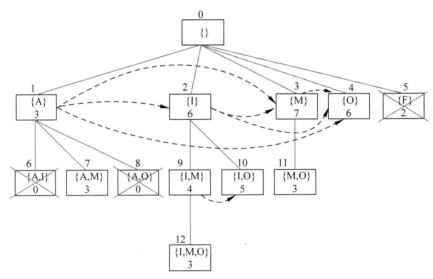

图 6.2　利用枚举树说明表 6.2(或表 6.1)中数据的 Apriori 准则

6.1.3　Eclat 算法

Apriori 算法的主要障碍在于,每步都需要扫描整个事务数据库计算候选项集的支持度。支持度计数是频繁项集挖掘算法的瓶颈之一,特别是当数据库不适合存储时。这里有很多技术问题,不过与我们的话题无关,如果数据库很大,并且不适合存储,为什么支持度计数的计算成本很高?

但是,如果数据库确实适合存储呢? 即使这样,我们也必须考虑所有的事务,并查看候选项集是否是事务的子集,即事务中是否存在候选项集中的所有项。这不是很有效,因此需要使用其他方法表示事务数据,以加快支持度计数过程。

存储事务性数据的一种方法是所谓的"垂直格式",在这种格式中,对于每个项,会存储该项所在的事务标识符列表。这样的列表称为 TID-set,是"事务标识符"的缩写。表 6.2 中记录的垂直格式如表 6.4 所示,在本例中,项集的支持度计算为 TID-set 的基数(长度)与数据库中事务数的比率(在本例中为 10)。合并其他两个项集得到的项集的支持度是它们的 TID-set 交集的基数。

表 6.4　Eclat 算法第一次迭代($k=1$)对应的表 6.2 中垂直格式的事务数据

项(ID)	TID-set(本例中是姓名)	基数
阿拉伯	{Dennis, Gwyneth, James}	3
印度	{Andrew, Bernhard, Carolina, Fred, Hayden, Irene}	6
地中海	{Andrew, Carolina, Dennis, Fred, Gwyneth, Irene, James}	7
东方	{Bernhard, Carolina, Eve, Fred, Hayden, Irene}	6
快餐	{Bernhard, Hayden}	2

例 6.8　统计一下图 6.1 中编号为 13 的项集{地中海,东方}的支持度情况。此项集的 TID-set 是通过交叉{地中海}和{东方}的 TID-set 计算得到的。这就意味着我们必须与集合{Andrew, Carolina, Dennis, Fred, Gwyneth, Irene, James}和{Bernhard, Carolina, Eve, Fred, Hayden, Irene}相交,得到一个基数为 3 的 TID-set{Carolina, Fred, Irene}。因此,项集{地中海,东方}的支持度为 3 或 0.3(也就是 3/10)。

Eclat 的原理与 Apriori 类似,首先检测大小为 $k=1$ 的频繁项集并将其与对应的 TID-set 一起存储。然后,将每个大小为 k 的频繁项集系统地扩展一个项,得到大小为 $k+1$ 的项集。k 递增,直到有候选项展开为止。不过,候选项集的支持度计数是通过与相应项集的 TID-set 相交完成的。

6.1.4　FP-Growth

如果数据库非常大,以至于很难将它装入内存中,而且要生成的候选模式很长,那么支持度计数将非常昂贵且耗时。为了克服这些困难,开发了一种称为频繁模式增长(FP-Growth)的有效方法。在这里,我们将介绍使用事务性数据的方法。FP-Growth 的主要优点在于它将事务数据压缩成所谓的 FP 树(FP-Tree)结构,在这种结构中,支持度计数和项集生成都非常快。

要构建一棵 FP 树,只需要两次数据传递。在第 1 次数据传递中,找到了所有的频繁项及其支持度。对于我们的例子,当 min_sup=3 时,频繁项为 A,I,M 和 O,支持度分别为 3,6,7 和 6。在第 2 次数据传递中,每个事务中的项根据它们的支持度按递减顺序处理,即首先处理 M,然后处理 I 和 O,最后才是 A。事务中的项按照与它们顺序相关的路径添加到树中,受影响节点的计数将增加。如果向树中添加新节点,则其计数初始化为 1。最后,创建一个所谓的项"头表",其中包含指向这些项第 1 次出现时的指针。指针通过相应项的所有实例进行链接并串起来。对于给定项的支持度计数,我们只需要对链接节点中的计数求和。

例 6.9 在表 6.2 的数据上构建 FP 树的过程如图 6.3 所示,而且每步的变化都用粗体标出,最后的 FP 树和头表位于底部。为了统计一个项 O 的支持度,我们将链接到头表中项 O 的 3 个节点的支持度相加,可以得到 O 的支持度为 3+2+1=6。同理,I 的支持度为 4+2=6,M 和 A 的支持度则分别为 7 和 3。

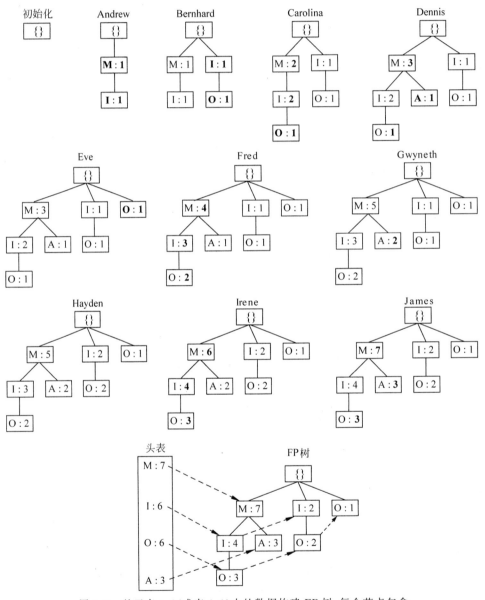

图 6.3 基于表 6.2(或表 6.1)中的数据构建 FP 树,每个节点包含一个项标识及其在给定路径中的数量

FP 树的一个有用的属性在于,它包含了关于数据中频繁项集的完整信息,同时又很紧凑:树通常比创建它的数据集小得多。此外,包含给定项的事务数可以从头表开始的指针得到。

在观察到所有频繁项集可以划分为非重叠子集后,才可以进行频繁项集的挖掘过程。在我们的例子中有 4 个子集:

- 包含项 A 的频繁项集;
- 包含项 O 但不包含项 A 的频繁项集;
- 包含项 I 但不包含项 A 和 O 的频繁项集;
- 包含项 M 但不包含项 A、O 和 I 的频繁项集,这就导致单个例子中的项集只包含频繁项 M。

根据项集中的项递减顺序(相对于它们的支持度),这 4 个子集分别对应以 A,I,O 和 M 结尾的项集。下一个示例将解释 FP-Growth 如何搜索这 4 个子集。

例 6.10　图 6.4 展示了找到频繁项集的过程,假设 min_sup＝3,终止于项 O 但不包含 A。FP-Growth 始于包含项 O 的树的叶节点中,首先,它通过跟随头表中 O 的链接提取树中以 O 结尾的所有路径,并只保留那些从这些叶节点到根节点的直接路径上的节点。得到的子树称为 O 的前缀路径子树。

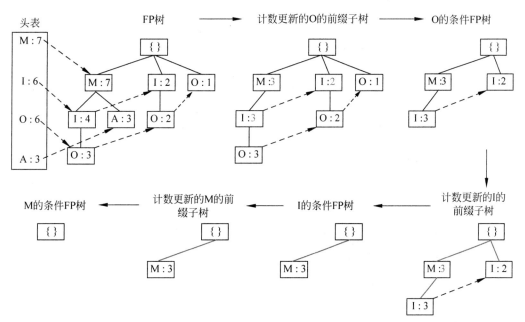

图 6.4　FP-Growth 查找频繁项集的 FP 增长过程,结束于项 O 但不包含
从表 6.2 数据中构建的 FP 树(图 6.3)中的项 A

将叶节点上的计数相加检查 O 的支持度,结果为 3＋2＋1＝6,因此项集{O}经常出现,并被添加到结果中。在下一步中,更新前缀路径子树中的节点计数,也反映了包含 O 的事务数。

在下一步中,由于{O}是频繁项,将搜索以 O 结尾的项集。由于这个原因,所谓的条件

FP 树是从 O 的前缀路径子树中创建的,其方法是简单地用 O 切割所有的叶节点,并删除所有的项,这些项的计数通过从头表中追踪相应的链接进行求和,且没有达到 min_sup 阈值。在我们的例子中,所有结果项 I 和 M 的计数都大于或等于 3,因此不会删除任何项。产生的条件 FP 树表示与 O 一起出现在事务中的项集及其支持度。

将这个过程递归地应用到 O 的条件 FP 树:为 I 创建一个前缀路径子树,并更新计数。包含 I 的节点的支持度的和为 3|2=5,因此 I 被添加到结果中已有的项集中,形成了频繁项集{I,O}。同样地,递归地为 M 创建一个前缀路径子树,其中 M 的支持度计数为 3,因此 M 被添加到现有的频繁项集{O}和{I,O}中,从而分别产生新的项集{M,O}和{M,I,O}。因为 M 的条件 FP 树是空的,所以以项目 O 结尾的项集将停止生成,从而得到频繁项集{M,I,O},{M,O},{I,O}和{O}。

6.1.5 最大频繁项集和闭合频繁项集

在实践中,即使在合理设置 min_sup 阈值的情况下,频繁项集挖掘通常会导致非常多的频繁项集,这些频繁项集的处理非常烦琐。不过有些项集相比其他的更具代表性,这些项集是最大频繁项集和闭合频繁项集,从它们可以派生出所有其他频繁项集。

最大频繁项集　如果所有超集都非频繁,则频繁项集是最大的。

例 6.11　最大频繁项集在图 6.5 中由深色表示,其中包括项集{A,M}和{I,M,O},在项集栅格中,没有其他通过向下的路径链接到它们的频繁项集。换句话说,不存在分别包含项 A 和 M 或 I,M 和 O 以及其他项的频繁项集。我们可以通过遍历最大频繁项集的所有不同子集得到所有频繁项集。从{A,M}可以推出项集{A}和{M},而从{I,M},{I,O},{M,O},{I},{M}和{O}可以得到项集{I,M},{I},{M}和{O}。

闭合频繁项集　若自己的超集支持度都不同,则频繁项集是闭合的。

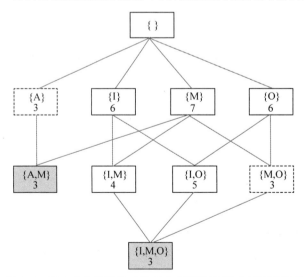

图 6.5　表 6.2 中数据生成的最大(阴影)及闭合(实边)项集

例 6.12　闭合项集在图 6.5 中用实边表示。项集 {A} 没有闭合,因为它的超集 {A,M} 有相同的支持度 3。这就意味着如果一个事务包含一个项 A,那么它也包含项 M。类似地, {M,O} 也不是闭合的,因为超集 {I,M,O} 的支持度相等。可以看到,如果项 M 和 O 都出现在一个事务中,那么项 I 也会出现在该事务中。

需要注意的是,从定义中可以看出,若一个项集是最大的,那么它也是闭合的,但情况并非总是如此——并不是所有的闭合项集都是最大项集。

6.2　关联规则

在闭合频繁项集的例子中,我们提到,给定数据和找到的频繁项集,若事务包含项 M 和 O,那么就意味着项目 I 也存在于该事务中。换句话说,项目集 {M,O} 和 {I} 根据 if-then 隐含关系在数据中关联。

关联规则　关联规则的含义为 $A \Rightarrow C$,其中 A 和 C 为没有共同项的项集,A 是规则的先导,C 是规则的后继。

关联规则的含义是,如果它的先导出现在某些事务中,那么它的后继也应该出现在这些事务中。当然,这种情况在数据中并不完全成立。因此,我们需要一些度量表示关联的强度,也就是根据数据,规则的有效性如何。

和项集类似,关联规则 $A \Rightarrow C$ 的一个可能的度量是其支持度,这种概念是为频繁项集引入的。对于关联规则,这被定义为通过连接规则的先导和后继而形成的项集的支持度,其正式表述为

$$\text{support}(A \Rightarrow C) = \text{support}(A \bigcup C) \tag{6.1}$$

例 6.13　根据表 6.1 中的数据,{A}⇒{M} 规则的支持度为项集 {A,M} 的支持度,该项集 {A,M} 是将规则的先导和后继连接起来而产生的,且等于 3。需要注意的是,{A}⇒{M} 和 {M}⇒{A} 的支持度是相同的。

支持度是一种数量或频数的度量,但不足以度量一个规则的质量。这是因为当我们交换规则的先导和后继时,却得到了相同的值。规则的质量或可靠性可由其置信度衡量,置信度定义为规则的支持度与规则先导的支持度之比,即

$$\text{confidence}(A \Rightarrow C) = \frac{\text{support}(A \bigcup C)}{\text{support}(A)} \tag{6.2}$$

例 6.14　根据我们的数据,3 个喜欢阿拉伯食物的人中有 3 个也喜欢地中海食物。不过,并不是所有喜欢地中海食物的人都喜欢阿拉伯食物。换句话说,7 个喜欢地中海食物的朋友中有 3 个也喜欢阿拉伯食物。我们可以感觉到,{A}⇒{M} 规则的质量比 {M}⇒{M} 规则的质量大,尽管它们在数据上得到同样的支持度。{A} 的置信度是 {A,M} 的支持度除以 {A} 的支持度,即 3/3=1。{M}⇒{A} 的置信度则是 support({A,M})/support({M})=3/7=0.43。

由于我们已经定义了什么是关联规则,并引入了支持度和置信度这两个度量,所以能够定义挖掘关联规则的问题。

关联规则挖掘 假设有一组包含所有可用项的集合 Z,事务数据 T 以及阈值 min_sup 和 min_conf,关联规则挖掘的目标是找到那些 Z 生成的关联规则,这些规则在 T 中的支持度至少为 min_sup,置信度至少为 min_conf。

从数据中可以生成的不同关联规则的数量是 $3^{|Z|}-2^{|Z|+1}+1+1$。它比我们从数据中生成的不同项集的数量要大得多,即 $2^{|Z|}-1$。

例 6.15 我们的数据包含 5 个不同的项,不同关联规则的数量是 $3^5-2^{5+1}+1=243-64+1=180$,而不同的项集的数量只有 $2^5-1=32-1=31$,可以为关联规则创建一个类似于表 6.3 的表。

由于每个规则的支持度必须满足 min_sup 阈值,因此只考虑那些连接的先导和后继构成频繁项集的规则。根据这个约束,挖掘关联规则的过程分为以下两个阶段。

(1) 挖掘满足 min_sup 要求的频繁项集,这是计算方面比较昂贵的部分。

(2) 从找到的频繁项集中生成满足 min_conf 阈值的关联规则。

正如前面所讨论的,如果最小支持阈值设置适当,那么频繁项集的数量将远远小于所有项集的数量。这就意味着关联规则挖掘的第 1 步有助于减少搜索空间,即便如此,从每个频繁项集 I 中,可以生成 $2^{|I|}-2$ 个可能的关联规则,其中 $|I|$ 是项集 I 的大小。但是,若为每个频繁项集生成所有不同的规则,效率就不是太高了。不过,与 6.1 节介绍的单调性定理相似,另一个单调性定理可以帮助生成关联规则。

关联规则的单调性 若 $X \Rightarrow Y-X$ 的置信度低于 min_conf,则所有规则 $X' \Rightarrow Y-X'$(其中 X' 为 X 的子集)的置信度也会比 min_conf 低。这里的 $Y-X'$ 以及 $Y-X$ 意味着我们将这些分别在 X 和 X' 中的项从 Y 中移除。

例 6.16 设 $Y=\{I,M,O\}$,$X=\{I,O\}$,min_conf$=0.75$,则 $Y-X=\{I,M,O\}-\{I,O\}=\{M\}$,规则 $X \Rightarrow Y-X$ 为 $\{I,O\} \Rightarrow \{M\}$,且置信度等于 support($\{I,O,M\}$)/support($\{I,O\}$)$=3/5=0.6$,因此,规则 $X \Rightarrow Y-X$ 不满足 min_conf 阈值。给定一个 X 的子集 $X'=\{I\}$,规则 $X' \Rightarrow Y-X'$ 为 $\{I\} \Rightarrow \{M,O\}$,且置信度等于 support($\{I,O,M\}$)/support($\{I\}$)$=3/6=0.5$。类似地,对于 X 的其他子集 $X'=\{O\}$,规则 $X' \Rightarrow Y-X'$ 为 $\{O\} \Rightarrow \{I,M\}$,置信度则等于 support($\{O,I,M\}$)/support($\{O\}$)$=3/6=0.5$。这两个生成规则都是 $X' \Rightarrow Y-X'$ 的形式,且置信度小于或等于规则 $X \Rightarrow Y-X$ 的置信度。

换句话说,这个定理的含义是,如果规则的置信度并不满足 min_conf,而且我们修改这个规则时从先导到它的后继移动一个或多个项,则修改规则的置信度也不会满足 min_conf。利用这个定理,我们可以定义一个系统算法用于生成给定频繁项集 Z 的关联规则,具体如下。

例 6.17 在我们的数据(表 6.2)中,频繁项集 $Z=\{I,M,O\}$ 的挖掘关联规则的过程以及这些规则如图 6.6 所示,min_conf 为 0.75。在第 1 步中,构造了 3 条规则:$\{M,O\} \Rightarrow \{I\}$、$\{I,O\} \Rightarrow \{M\}$ 以及 $\{I,M\} \Rightarrow \{O\}$,其置信度分别为 1.0、0.6 和 0.75。由于第 2 条规则的置信度小于 min_conf,因此删除这条规则,只返回第 1 条和第 3 条规则。这两个规则的结果中的项 I 和 O 被添加到集合 C_1 中,因此 $C_1=\{\{I\},\{O\}\}$,且 k 被设置为 2。在集合 C_1 中,大

小为 $k-1$ 的项集 $\{I\}$ 和 $\{O\}$ 只能生成一个大小为 $k=2$ 的项集 V，即项集 $V=\{I,O\}$。因此，得到一条规则 $Z-V \Rightarrow V$，也就是 $\{I,M,O\}-\{I,O\} \Rightarrow \{I,O\}$，且 $\{M\} \Rightarrow \{I,O\}$。该规则的置信度 (0.43) 小于 min_conf，因此将其删除。因为没有向 C_2 添加项集，所以停止挖掘过程。

从频繁项集生成关联规则的算法

1) 输入一个频繁项集 Z；
2) 输入最小置信阈值 min_conf；
3) 对于 Z 中的所有 i 项；
4)　　构造出一条 $Z-\{i\} \Rightarrow \{i\}$ 规则；
5)　　if 置信度 $(Z-\{i\} \Rightarrow \{i\}) \geqslant$ min_conf then；
6)　　　　输出 $Z-\{i\} \Rightarrow \{i\}$；
7)　　　　将 $\{i\}$ 添加到集合 C_1 中；
8) 令 $k=2$；
9) 重复
10)　　　对于集合 C_{k-1} 中的两个项集生成的大小为 k 的所有项集 V
11)　　　　构造出一条规则 $Z-V \Rightarrow V$；
12)　　　　if 置信度 $(Z-V \Rightarrow V) \geqslant$ min_conf then
13)　　　　　　输出 $Z-V \Rightarrow V$；
14)　　　　　　把 V 加到集合 C_k 中；
15) 直到 $k < |Z|-1$；

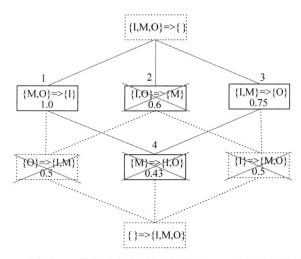

图 6.6 对应表 6.2 数据中找到的频繁项集 $\{I,M,O\}$ 的关联规则栅格

6.3 支持度与置信度的意义

在某种意义上，每个模式都揭示了一种可能有助于这些模式的用户进一步决策的知识。不过，只有一些模式对用户来说足够"有趣"，它们代表了有用的和意料之外的知识。对模式

的兴趣评估取决于应用领域,以及用户的主观意见。

例 6.18 设想一个大学生的数据集,每个项对应一门课程,每个事务对应一组给定学生注册的课程。对于教务人员,从这个数据挖掘到的分析关联规则,规则⟨概率,统计⟩⇒⟨数据挖掘⟩可能是无趣的,即便它有很高的支持度和置信度,因为它代表的知识很明显:学生参加了概率论与数理统计课程,可能会参加一个数据挖掘课程。另外,即使项集⟨生物基础,算法基础⟩支持度较低,但也可能使教学经理感到惊讶,从而促使他决定开设一门新的计算生物学课程或学习项目。

由于大型数据集中模式数量众多,人工分析对于人类专家是很麻烦的,但将人类知识纳入自动化的评估过程也很困难,而且其适用性将取决于领域。为了支持评估过程,除了支持度和置信度之外,还开发了几个客观的评价措施用于评估关联规则的质量,帮助用户选择感兴趣的模式。由于对这些度量的完整阐述超出了本章的范围,所以我们将重点讨论几个重要问题。

6.3.1 交叉支持度模式

在真实世界的数据中,大多数项的支持度较低或相对较低,而少数项的支持度较高,这种情况并不少见。例如,大学里参加数据分析入门课程的学生比参加量子计算课程的学生要多。

如果模式包含低支持度项和高支持度项,则称为交叉支持度模式。交叉支持度模式可以表示项之间有趣的关系,但也可能是虚假的,因为它包含的项在事务中相关性较弱。

要判断模式 P 到何种程度才能称为交叉支持模式,利用如下的所谓支持度比例。

$$\text{sup\_ratio}(P) = \frac{\min\{s(i_1), s(i_2), \cdots, s(i_k)\}}{\max\{s(i_1), s(i_2), \cdots, s(i_k)\}} \tag{6.3}$$

其中,$s(i_1), s(i_2), \cdots, s(i_k)$ 为 P 中项 $i_1, i_2, \cdots, i_k$ 的支持度,$\min\{\}$ 和 $\max\{\}$ 分别返回最小值和最大值。换句话说,sup_ratio 计算模式中项的最小支持度和最大支持度的比值。

根据给定用户的兴趣,此度量可用于过滤 sup_ratio 低于或高于用户指定阈值的模式。

例 6.19 假设项 i_1, i_2 和 i_3 的支持度分别为 $s(i_1) = 0.9, s(i_2) = 0.1$ 和 $s(i_3) = 0.25$。若阈值为 0.2,且 $\text{sup\_ratio}(P) = \min\{s(i_1), s(i_2)\}/\max\{s(i_1), s(i_2)\} = 0.1/0.9 = 0.11$,则项集 $P = \{i_1, i_2\}$ 为交叉支持度模式。若项集 $Q = \{i_1, i_3\}$,且 $\text{sup\_ratio}(Q) = 0.25/0.9 = 0.28$,则不是交叉支持度模式。

消除交叉支持度模式的另一种方法是将 min_sup 阈值设置得很高,但这也可能滤掉一些有趣的模式。对于关联规则,设置 min_conf 阈值进行置信度修剪也没有什么用,因为交叉支持度模式也可能有很高的置信度。

6.3.2 提升度

首先,考虑置信度度量及其与关联规则强度的关系。我们将使用所谓的列联表,如表 6.5 所示,其中包含与关联规则相关的一些统计信息。在规则 $X \Rightarrow Y$ 中出现的与两个项

集 X 和 Y 相关的列联表中,包含了 4 个事务的频数计数,其中:

- X 和 Y 都存在;
- X 存在,Y 不存在;
- Y 存在,X 不存在;
- X 和 Y 都不存在。

例 6.20 举例来说,从表 6.5 中可以看到,规则 $X \Rightarrow Y$ 的支持度是 X 和 Y 同时存在的事务数与事务总数的比率:$\text{support}(X \Rightarrow Y) = 12/100 = 0.12$。$\text{support}(X) = 16/100 = 0.16$。规则的 $\text{confidence}(X \Rightarrow Y) = 0.12/0.16 = 0.75$。

现在讨论一下 $X \Rightarrow Y$ 规则的先导 X 和后继 Y 之间的关系,不过有时会产生误解。一种考虑置信度的方法是,作为将随机选择包括规则先导中的所有项的事务包含其后继中的所有项的条件概率。人们可以询问规则的先导和后继之间的统计关系:数据中规则主体的出现在多大程度上影响了后继的出现概率。

例 6.21 基于表 6.5 中 $X \Rightarrow Y$ 规则的支持度(0.12)和置信度(0.75),我们可以认为该规则是一个强且有趣的规则。但无论数据中是否存在 X,Y 在数据中出现的概率为 $(12+68)/100 = 0.8$。换句话说,Y 在数据中的支持度为 0.8。因此,X 的出现会对数据中 Y 的出现产生负面影响。

表 6.5 项集 X 和 Y 的双向列联表示例

X	Y		
	存在	不存在	总计
存在	12	4	16
不存在	68	16	84
总计	80	20	100

可以看到,规则的高置信度和支持度并不一定意味着它的先导和后继之间存在因果关系。为了测量先导对规则结果的影响,使用了一种所谓的"提升度"测量,其定义为

$$\text{lift}(X \Rightarrow Y) = \frac{\text{confidence}(X \Rightarrow Y)}{\text{support}(Y)} \tag{6.4}$$

提升度大于或等于零,且:

(1) 提升度大于 1 表示规则的先导和后继之间存在正相关关系,也就是说,先导的出现对后继有积极的影响;

(2) 提升度小于 1 表示规则的先导和后继之间存在负相关关系,也就是说,先导的出现对后继有负面影响;

(3) 提升度接近 1 表示规则的先导和后继之间没有相关性,也就是说,先导的出现对后继几乎没有影响。

例 6.22 表 6.5 中规则 $X \Rightarrow Y$ 的提升度为 $0.75/0.8 = 0.9375$,说明规则的先导和后继在一起出现的次数少于预期。换句话说,先导的出现对后继的出现有负面影响。

6.3.3 辛普森悖论

正如前面所述,在解释关联规则时一定要小心,我们所看到的规则的先导和后继的关系也可能会受到分析中未考虑或未捕捉到的数据等隐藏因素影响。

辛普森悖论是一种相关的情况,说的是在不同数据组中出现的项集对(规则的先导和后继)之间的某种相关性可能会消失,或者当它们组合在一起时可能会反转。

例 6.23 如表 6.6 所示,考虑由两组学生 A 和 B 组成的 800 份成绩单(事务记录)。例如,A 组和 B 组可能分别指的是物理和生物学习项目的学生,而 $X = \{遗传学基础\}$ 和 $Y = \{数据分析导论\}$ 可能是两个项集,每个项集由一门课程组成。

表 6.6 两个分组 A 和 B 以及整个数据集(AB 组合)的项集 X 和 Y 的双向列联表

A组				B组				AB组合			
X	Y			X	Y			X	Y		
	是	否	总计		是	否	总计		是	否	总计
是	20	5	25	是	100	150	250	是	120	155	275
否	105	150	255	否	25	245	270	否	130	395	525
总计	125	155	280	总计	125	395	520	总计	250	550	800

注:在事务中是否存在分别由"是"和"否"表示。

在 A 组中,规则 $X \Rightarrow Y$ 的置信度高(0.8),提升度数据也不错(1.79)。

在 B 组中,规则 $Y \Rightarrow X$ 的置信度高(0.8),提升度数据也不错(1.66)。

很明显,若分别分析这两组学生,我们可以从中发现有趣而牢固的关系。然而,如果我们将这两个数据集结合起来,使关于组的信息(学生的学习计划)成为一个隐藏因素,那么分析将给出 confidence$(X \Rightarrow Y) = 0.44$,confidence$(Y \Rightarrow X) = 0.48$,两个规则的提升度都为 1.4。因此,同样的规则在每组单独分析时会变得更弱。另外,假如 min_conf $= 0.5$(并非太严格的限制),关联规则挖掘甚至无法发现这两个规则。

6.4 其他模式

还有其他类型的模式,如序列或图形,它们的挖掘基于和 6.1 节中频繁项集挖掘类似的原则。通常,频繁序列和图形的挖掘方法大多是 Apriori、Eclat 和 FP-Growth 方法的扩展和修改。

由于更详细地描述挖掘这些类型的模式超出了本章的范围,所以这里只给出基本定义,重点介绍序列模式。

6.4.1 序列模式

序列模式挖掘的输入是一个序列数据库,用 S 表示,每行均由一个按时间顺序记录的事件序列组成,每个事件都是由数据中可用项组合而成的任意长度的项集。

例 6.24 假设表 6.7 中的序列数据库表示一段时间内顾客的购物记录。例如,第 1 行可以解释为 ID=1 的客户购买了如下商品:

(1) 第 1 次访问: 项 a 和 b;

(2) 第 2 次访问: 项 a,b 和 c;

(3) 第 3 次访问: 项 a,c,d,e;

(4) 第 4 次访问: 项 b 和 f。

假设有两个序列 $s_1 = <X_1, X_2, \cdots, X_n>$ 和 $s_2 = <Y_1, Y_2, \cdots, Y_n>$,其中 $n \leq m$,s_1 称作 s_2 的子序列,若存在 $1 \leq i_1 \leq i_2 \leq \cdots \leq i_n \leq m$,$X_1$ 是 Y_{i1} 的一个子集,X_2 是 Y_{i2} 的一个子集,$\cdots$,X_n 是 Y_{in} 的一个子集。

表 6.7 具有项 a,b,c,d,e,f 的序列数据库 S 示例

ID	按照时间记录的连续事件(项集)
1	$<\{a,b\}, \{a,b,c\}, \{a,c,d,e\}, \{b,f\}>$
2	$<\{a\}, \{a,b,f\}, \{a,c,e\}>$
3	$<\{a\}, \{c\}, \{b,e,f\}, \{a,d,e\}, \{e,f\}>$
4	$<\{e,d\}, \{c,f\}, \{a,c,f\}, \{a,b,d,e,f\}>$
5	$<\{b,c\}, \{a,e,f\}>$

例 6.25 假设表 6.7 中的第 1 个序列是 $s_2 = <Y_1, Y_2, Y_3, Y_4>$,其中 $Y_1 = \{a,b\}$,$Y_2 = \{a,b,c\}$,$Y_3 = \{a,c,d,e\}$,$Y_4 = \{b,f\}$,此时 $m=4$。令 $s_1 = <X_1, X_2>$,其中 $X_1 = \{b\}$,$X_2 = \{a,d,e\}$,也就是 $n=2$。存在 $i_1 = 1$ 和 $i_2 = 3$,使 X_1 是 $Y_{i1} = Y_1$ 的子集,X_2 是 $Y_{i2} = Y_3$ 的子集,因此,s_1 是 s_2 的子序列。另外,根据 s_1 是 s_2 的子序列,还存在另一个映射 $i_1 = 2$,$i_2 = 3$。

序列数据库 S 中给定序列 s 的支持度是 S 的行数,这里的 s 是一个子序列。这个数与 S 中的所有行数的比值也可以使用。

例 6.26 表 6.7 中的序列数据库 S 中的 $<\{a\}, \{f\}>$ 的支持度为 $4/5 = 0.8$,因为它是一个只有 4 行的子序列(ID 分别为 1,2,3 和 4),而 S 有 5 行。

6.4.2 频繁序列挖掘

假设存在一组所有可用物品 I、序列数据库 S 以及阈值 min_sup,频繁序列挖掘要寻找那些序列名为频繁序列的序列,它们从 I 中生成且 S 中的支持度至少为 min_sup。有一点需要提到,能从 S 中生成的频繁序列的数量通常要比从 I 中生成的频繁项的数量大得多。

例 6.27 举一个例子,不管阈值 min_sup 为多少,从 6 个项 a,b,c,d,e 和 f 中所有能够生成的项集数量最多为 $2^6 - 1 = 64 - 1 = 63$。根据表 6.7 中的序列数据库,频繁序列的数量分别为: min_sup = 1.0 为 6,min_sup = 0.8 为 20,min_sup = 0.6 为 53,min_sup = 0.4 为 237。

6.4.3 闭合和最大序列

与闭合和最大频繁项类似,可以定义闭合和最大序列模式。如果一个频繁序列模式不是具有相同支持度的任何其他频繁序列模式的子序列,则该模式是闭合的。如果一个频繁序列模式不是任何其他频繁序列模式的子序列,那么它就是最大的。

例 6.28 给定表 6.7 中的序列数据库,且 min_sup=0.8,则支持度都为 0.8 的频繁序列<{b,f}>和<{a,f}>不是闭合的,因为它们是具有相同支持度的最大频繁序列<{a},{b,f}>的子序列。另外,支持度为 1.0 的频繁序列<{a,e}>是闭合的,因为它所有的超序列<{a},{a,e}>、<{b},{a,e}>和<{c},{a,e}>的支持度都为 0.8,要小一些。

6.5 本章小结

本章主要讨论频繁项集挖掘,介绍了 3 种主要方法:Apriori,Eclat 和 FP-Growth。从用户的角度来看,基于这些方法的实现通常只在时间和内存需求上有所不同,但是对于相同的数据和相同的 min_sup 阈值,它们都应该返回相同的结果。

这些方法背后的基本原则可用于关联规则或频繁序列挖掘。

模式挖掘方法的主要障碍在于产生了大量的模式,这些模式大多太大,无法由单个专家进一步分析。我们必须小心设置 min_sup 和 min_conf 阈值,在控制产生的模式数量的同时,也控制其质量。除了频繁模式的支持度和置信度度量之外,还有很多其他的评价度量,而频繁模式的支持度和置信度度量也是本章提出的模式挖掘方法的驱动因素。我们详细地描述了提升度测量,并讨论了交叉支持度模式和辛普森悖论的问题。

模式挖掘是一个非常重要的数据挖掘领域,有着广泛的应用,可用于分析业务、金融和医疗事务(项集、关联规则、序列模式)和网络日志数据(序列),这里仅举了几个例子。

6.6 练习

(1) 下列句子中哪些句型是等价的? 计算这些模式的支持度或/和置信度。

① 100 名顾客中有 25 人在逛超市期间购买了面包和黄油。

② 这 25 位顾客中有 5 位也买了蜂蜜,其他人也买了牛奶。

③ 每 5 个学生有一个曾经周一去图书馆,周二去健身房和自助餐厅,周三去图书馆并参加研讨会,周四去健身房和书店,周五则去剧院和餐馆。

(2) 在表 6.7 引入的序列数据库中找到所有的频繁序列,且假设 min_sup=0.8。

(3) 列出学校里 10 门受欢迎的课程,请至少 10 位同学从列表中选出他们最喜欢的 5 门课程,并根据他们的答案创建一个事务数据库(称为 LectureData)。

(4) 根据 LectureData 中的 Apriori 方法,找出阈值 min_sup=0.2 的频繁项集。

（5）过滤在 LectureData 中找到的项集中的交叉支持度模式，它们的交叉支持度比率低于 0.25。

（6）在 LectureData 中找出 min_conf＝0.6 和 min_sup＝0.3 的阈值关联规则。

（7）计算在上面例子中发现的关联规则的提升度。

（8）研究辛普森悖论是否存在于 LectureData 的一些模式中，考虑同学的性别这个隐藏因素。

（9）下载一些较大的基准数据集，用于频繁项集挖掘，并比较 Apriori，Eclat 和 FP-Growth 工具运行时的情况，至少考虑 10 个不同的 min_sup 阈值。

（10）利用文献和在线资源，对常用的频繁图形挖掘方法进行简要概述。

第 7 章　描述性分析的备忘单和项目

与其他备忘单和项目章节(第 12 章)一样,本章分为两部分:第 2 部分的备忘单,以及 1.6.1 节中介绍的项目决议。本章的主要目的是首先提醒读者到目前为止我们学到了什么,其次把前面章节中描述的概念用于数据分析项目的开发中,在这里指的是描述性分析。

7.1　描述性分析备忘单

描述性分析的主要目的是理解数据,为项目开发的未来决策提供相关的知识。正如本书第 2 部分的标题所提到的,它是关于从数据中获得信息的。

本节总结了前几章中涉及的主要概念,对于一个具体概念的更多细节,强烈建议读者回顾一下前几章相应的内容。

7.1.1　数据总结

表 7.1 列出了 2.2 节所述的单元方法的主要内容,也就是说,用于总结单元属性的方法。表 7.2 给出了二元方法的总结,如 2.3 节所述,也就是说,用于总结属性对的方法。在这里和其他表格中,＋表示正的、－表示负的,－＋则表示介于正负之间。

表 7.1　单元属性的方法汇总

属　　性		尺度类型		
		名义	序数	定量
频数	绝对	＋	＋	＋
	相对	＋	＋	＋
	累积绝对	－	＋	＋
	累积相对	－	＋	＋
图	饼状	＋	－＋	－＋
	条形	＋	＋	－＋
	线	－	－	－＋
	区域	－	－	－＋
	直方图	－	－	＋

续表

属性		尺度类型		
		名义	序数	定量
位置统计	最小值	−	−+	+
	最大值	−	−+	+
	均值	−	−+	+
	众数	+	+	−+
	中位数	−	−+	+
	第一四分位数	−	−+	+
	第三四分位数	−	−+	+
离散统计	振幅	−	−	+
	四分位范围	−	−	+
	平均绝对偏差	−	−	+
	标准偏差	−	−	+
PDF	均匀分布	−	−	+
	正态分布	−	−	+

表 7.2　双元属性的方法汇总

方法类型	方法	尺度类型
相关系数	Pearson	定量
	Spearman	序数和/或定量
频数	列联表	定性
图	分散	序数和/或定量
	马赛克	定性

7.1.2　聚类方法

表 7.3 总结了 5.1 节中描述的距离度量,表 7.4 则为 5.3 节中讨论的 3 种聚类方法的总结。

表 7.3　距离度量

对象或序列	Ecul	Manh	Hamm	Edit	DTW
具有定性属性的对象	−	−	+	+	−
具有定量属性的对象	+	+	−	−	−
具有定量属性的序列	−	−	−	−	+
具有定性属性的序列	−	−	−	−	−
定量值的时间序列	+	+	−	−	+
定性值的时间序列	−	−	+	+	−

续表

对象或序列	Eucl	Manh	Hamm	Edit	DTW
图像	+	+	—	—	—
声音	+	+	—	—	—
视频	+	+	—	—	—

注：Eucl，Manh，Hamm，Edit 和 DTW 分别代表欧氏距离、曼哈顿距离、汉明距离、编辑距离和动态时间规整。

表 7.4 聚类方法

属 性	K 均值	DBSCAN	聚合层次聚类
计算效率	+	— +	— +
结果的质量	+	+	— +
随机化	是	几乎没有	没有
超参数量	2	3	2
对噪声和异常值的鲁棒性	—	+	+
形状	凸	任意	任意
可解释性	—	—	+

7.1.3 频繁模式挖掘

表 7.5 给出了 3 种频繁项集挖掘方法的时间复杂度和内存需求，关联规则挖掘、序列挖掘和图形挖掘是 3 种频繁项集挖掘方法的基础。注意，表 7.5 列出了总体情况，这些方法的复杂度取决于它们在所使用的数据分析软件中的具体实现。

本部分提出的频繁模式挖掘的主要措施如表 7.6 所示，不要忘记这些是最常用的度量方法。你可以很容易地在相关文献中找到其他的测量方法。

频繁模式、闭合模式和最大模式之间的关系如图 7.1 所示。

表 7.5 频繁项集挖掘方法的时间复杂度和内存需求

方 法	时间复杂度	内存需求
Apriori	+	—
Eclat	— +	+
FP-Growth	—	— +

表 7.6 一般与频繁挖掘方法有关的度量

模式类型	支持度	置信度	提升度	交叉支持度比率
项集	+	—	—	+
关联规则	+	+	+	+
序列	+	—	—	—
图	+	—	—	—

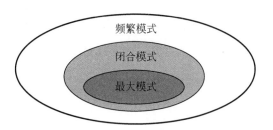

图 7.1　频繁、闭合以及最大模式间的关系

7.2　描述性分析项目

本项目将使用 CRISP-DM 方法,本次研究使用的数据是威斯康星州乳腺癌数据集,可以从 UCI 机器学习知识库中查到。

7.2.1　理解业务

假设威斯康星医院想要开发一个决策支持系统帮助乳腺癌的诊断,首要目标是了解乳腺肿块可能存在的模式。

7.2.2　理解数据

医院已经收集了乳腺肿块细针穿刺(FNA)的数字化图像,网页上有关于数据集和数据本身的信息、数据集的属性如表 7.7 所示。

表 7.7　威斯康星州乳腺癌数据集

序号	属性	域
1	样本代码编号	ID 编号
2	肿块密度	1~10
3	细胞大小均匀性	1~10
4	细胞形状均匀性	1~10
5	边界粘连	1~10
6	单个上皮细胞大小	1~10
7	裸核	1~10
8	微受激染色质	1~10
9	正常核仁	1~10
10	有丝分裂	1~10
11	分类	良性为 2,恶性为 4

有了数据集之后,就需要进行理解,评估它的质量,并使用统计和可视化技术描述数据。属性的一些统计数据如表 7.8 所示。

表 7.8　威斯康星州乳腺癌数据集属性统计

序号	属性类型	缺失	最小	最大	数值
1	多项式	0	95 719(1)	1 182 404(6)	1 182 404(6),1 276 091(5),…
2	整数	0	1	10	4.418
3	整数	0	1	10	3.134
4	整数	0	1	10	3.207
5	整数	0	1	10	2.807
6	整数	0	1	10	3.216
7	整数	16	1	10	3.545
8	整数	0	1	10	3.438
9	整数	0	1	10	2.867
10	整数	0	1	10	1.589
11	二项式	0	4 (241)	2 (458)	2 (458),4 (241)

7.2.3　准备数据

使用 4.1 节中描述的技术对数据进行检查并验证是否存在：

- 缺失值；
- 冗余属性；
- 数据不一致；
- 噪声数据。

"裸核"属性有 16 个缺失值，这是该数据集特有的质量问题。由于数据集中存在 699 个实例，删除其中的 16 个是没有问题的，此时这是一个合理的选择。

另一个问题是选择那些对识别乳腺肿块模式有用的属性，很显然，样本代码编号与识别数据中的模式无关，因此应该删除它。识别乳腺肿块是恶性还是良性的目标属性，也不应该用于识别乳腺肿块的模式。事实上，尽管存在这种属性，我们只想基于图像进行模式识别。因此，它也应该被移除。

K 均值等聚类算法使用距离度量，用于定量属性的距离度量应该包含使用相同尺度的所有属性。否则，值较大的属性比值较小的属性对计算距离的贡献更大。在威斯康星州乳腺癌数据集中，所使用的所有属性都具有相同的范围，为 1～10，因此在本例中没有必要进行规范化。

7.2.4　建模

下面尝试一下最流行的聚类算法，也就是 K 均值算法。检测不同的 K 值，可以观察到在 $K=2$ 和 $K=4$ 之间，其中一个聚类差不多是稳定的，主要对应良性肿块（见图 7.2～图 7.4），也就是说，良性肿块比恶性肿块具有更均匀的形态。不过，对于 $K=4$，当使用 $K=2$ 和 $K=3$ 时，前两个聚类与第 1 个聚类大致对应，也就是说，$K=4$ 的前两个聚类大致对应良性肿块。

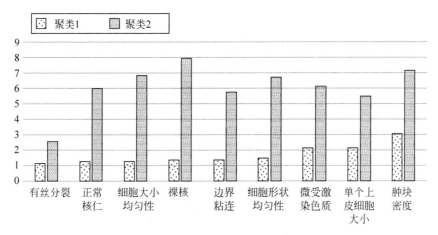

图 7.2　$K=2$ 时的 K 均值质心，其中聚类 1 是良性肿块

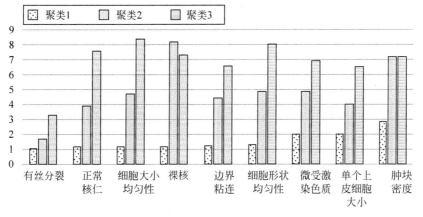

图 7.3　$K=3$ 时的 K 均值质心，其中聚类 1 是良性肿块

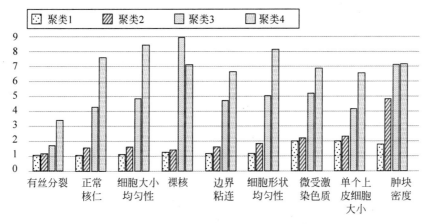

图 7.4　$K=4$ 时的 K 均值质心，其中聚类 1 和聚类 2 是良性肿块

使用肘部曲线可以观察到聚类的正确数量,尽管在这种情况下肘部曲线还不是很明显（见图 7.5）。不管怎样,使用的数值就是 $K=4$。

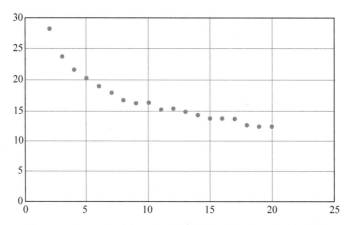

图 7.5　采用组内平方和的平均值计算乳腺癌患者肘部曲线

7.2.5　评价

对于医院,识别乳腺肿块的 4 种类型与其研究和分析是相关的。

7.2.6　部署

部署阶段在很多情况下是由数据分析师以外的人完成的,本阶段的目标是使以前使用和评估的方法能让最终用户访问。这些模式能用于临床实践吗？

第3部分　预 测 未 知

第8章

回　归

　　每个人(或几乎每个人)都想预测未来会发生什么。哪些号码将被抽中?大学课程是否能为将来的职业带来帮助?你约会的那个人是适合的吗?我们已经知道未来是很难预测的,但对一些实际问题进行预测是可行的。

　　预测任务为主要的分析任务之一,是预测模型的归纳。

　　预测任务　一个模型的预测任务归纳,该模型能够根据其预测属性的值为一个新的未标记的对象分配标签(希望是正确的)。

　　预测任务并不预测将来会发生什么,而是预测给定事件结果出现的可能性有多大。医学诊断就是一个预测实例,如一些症状和临床检查结果的病人是否患有某种疾病。这些预测通常不是100%准确,但它们是有帮助的,特别是在为决策提供支持方面,例如:

- 降低成本;
- 增加利润;
- 提高产品和服务质量;
- 提高客户满意度;
- 减少环境破坏。

　　预测任务使用以前标记过的数据(结果已知的数据)预测新的未标记数据的结果(或标签)。预测技术通常根据标记的数据建立或归纳一个所谓的预测模型,这个过程称为归纳学习。因此,归纳学习的目标是找到最佳模型(函数或假设),将数据中未标记实例的预测属性值向量映射到它们的正确标签。

　　但是在解释模型的定义以及如何产生,或者如何学习它之前,首先讨论一下数据。在前几章中,数据不包含标签。标签表示事件的可能结果,可以有几种类型。例如,一个人可以被贴上"儿童"或"成人"的标签(二元标签),一辆汽车可以是"家庭""运动""地形"或"卡车"的类型(名义标签),电影可以被评为"最差""差""中性""好"和"优秀"(序数标签),而房子有价格(数量标签)。

　　其次,我们已经有了标记和未标记的数据。在机器学习中,用于归纳模型的数据称为训练数据,因为训练算法使用它们来指定一个模型,该模型可以正确地将每个实例的属性与其真正的标签相关联。这个过程叫作训练,用来测试模型性能的数据称为测试数据。

应用程序可以从训练数据归纳出模型,医疗诊断就是一个实例。一家医院可能有几个病人的记录,每个记录都是一组病人的临床检查和诊断的结果。每个临床检查代表一个病人的一个(预测)属性,目标属性则是诊断。从这些训练数据得到模型后,将其用于预测属于测试集的新患者的最有可能的诊断,我们知道这些测试集的属性(他们的临床检查结果),但是不知道这些患者的诊断。想象一下,对于那些无法在两种可能性相等的诊断中做出选择的医生,这种预测模型会有多大的帮助。从预测模型中获得另一个"观点"意味着他的决定会得到更好的支持。

在训练集上归纳出一个预测模型后,就可以将其用于预测下一步新数据的正确标签,称为演绎。这些新数据是标签未知的测试数据。

预测任务分为分类任务和回归任务,分类任务的目标是归纳出一个能够将正确的定性标签(也称为类)分配给标签未知的新实例的模型。第 9 章将讨论分类,本章的主要内容是回归。

1877 年,Francis Galton 在连续几代甜豌豆种子大小的实验中观察到向平均值的回归,他在 19 世纪 80 年代中期将这种现象重新命名为"回归"。从那时起,回归就是创建一个数学函数的过程,该函数从一组预测属性解释一个定量输出属性。

回归任务 一种预测任务,其目的是根据一个新的未标记的对象的预测属性值为其分配一个定量值。

例 8.1 以我们的联系人数据集(见表 2.1)为例,分别使用"体重"和"身高"作为预测属性和目标属性,目标属性是标签的另一个名称。训练数据(身高(标签)已知的联系人)如表 8.1 所示,由此可以得到身高=128.017+0.611×体重的简单线性回归模型。实际上,这个模型是一个斜率为 0.611(参数 $\hat{\beta}_1$),截距为 128.017(参数 $\hat{\beta}_0$)的直线方程,如图 8.1 所示。

表 8.1 包含身高和体重的联系人数据集

联系人	体重/kg	身高/cm
Andrew	77	175
Bernhard	110	195
Carolina	70	172
Dennis	85	180
Eve	65	168
Fred	75	173
Gwyneth	75	180
Hayden	63	165
Irene	55	158
James	66	163
Kevin	95	190
Lea	72	172
Marcus	83	185
Nigel	115	192

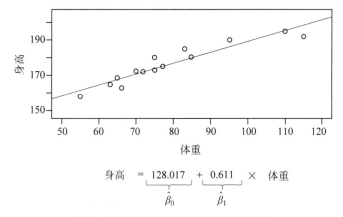

$$身高 = \underbrace{128.017}_{\hat{\beta}_0} + \underbrace{0.611}_{\hat{\beta}_1} \times 体重$$

图 8.1 联系人数据集的简单线性回归

现在,我们来预测一下新联系人 Omar 和 Patricia 的身高,他们的体重分别是 91kg 和 58kg。我们要做的是将它们的属性输入预测模型。Omar 的预测身高为 128.017+0.611× 91=183.618cm,Patricia 的预测身高为 128.017+0.611×58=163.455cm。注意,Omar 和 Patricia 是属于测试集的实例。

回归方法可用于许多不同的领域:

- 在股票市场:预测股票在一周内的价值;
- 传输:给定路径的传输时间预测;
- 高等教育:预测某门课程明年有多少学生;
- 生存分析:预测一个人在接受治疗后能活多久;
- 宏观经济学:预测某政策建议的预期失业率水平。

但在描述回归方法之前,我们将首先描述对回归和分类都有意义的概念,即泛化和模型验证。这些主题将包含在有关性能评估的后续部分中。

8.1 预测性能评估

在讨论预测性能评估之前,区分预测评估学习技术和评估结果模型本身是很重要的。然而,每种模型都有其边界和限制。例如,虽然线性模型更容易解释,但它们不能捕获数据中更复杂的非线性趋势和关系。另外,数据本身可能包含影响结果模型质量的噪声或其他类型的错误(离群值或缺失值)。

8.1.1 泛化

在处理由数据集表示的预测任务时,主要的目标是从这个数据集归纳出一个能够正确预测相同任务的新对象的模型。我们希望尽量减少未来错误预测的数量或程度。

由于无法预测未来,我们要做的就是评估模型对新数据的预测能力。为此,我们将数据集分为两个互斥的部分,一个用于训练(模型参数调节),另一个则用于测试——在新数据上评估诱导模型。

我们使用训练数据集归纳一项技术的一个或多个预测模型，并且尝试使用不同配置的超参数。对于每个超参数，归纳一个或多个模型。在训练集中，超参数值是预测性能最好的模型，代表了该技术的预测性能。如果我们为相同的超参数值引入多个模型，将使用不同模型的平均预测性能定义与该技术相关的预测性能。

如果利用多种技术对一个数据集进行实验，我们将根据与该技术相关的预测性能为数据集选择最合适的技术。请注意，我们没有使用测试数据进行技术选择。假设测试数据在选择之前没有应用于该技术，它只是用来确认这是不是一个好的技术选择。如果我们也使用模型归纳和技术选择的训练集，最终会得到对技术性能过于乐观的估计。这是因为我们之前看到了测试数据，并使用这些信息选择技术。在这种情况下，模型会过度拟合（上面描述的现象），并且不够通用，无法以合理的精度预测未来的数据。在这种方法中，我们可以为每种技术选择最佳超参数值，并选择一个或多个可供使用的技术。

通常，训练集的实例越多，该技术的预测性能就越好。性能评估的两个主要问题是如何评估新数据的模型性能，以及在评估中将使用什么性能度量。本节将讨论这两个方面。

8.1.2 模型验证

预测模型的主要目标是预测新对象的正确标签，如前所述，我们所能做的是利用模型对测试数据集的预测性能进行评估。在此过程中，我们使用了预测性能评估方法。模型验证方法有很多种，且通常基于数据采样。

Holdout 是最简单的方法，将数据集分为两个子集：用于训练的训练集和用于测试的测试集。

该方法的主要不足在于预测模型的预测性能受训练集和测试集数据的影响较大。图 8.2 列出了具有 8 个对象的数据集的 Holdout 方法中的数据划分。

解决 Holdout 方法问题的另一种办法是多次采样原始数据集，创建多个分区，且每个分区包含一个训练集和一个测试集。因此，训练预测性能是多个训练集预测性能的平均值。同样的概念也适用于定义测试预测性能。通过多个划分的使用，可以减少预测性能受所用划分影响的机会，从而获得更可靠的预测性能评估。创建几个分区的主要方法是：

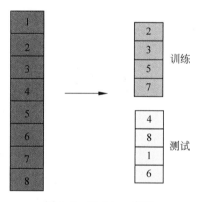

图 8.2　Holdout 方法

- 随机子抽样；
- *K*-fold 交叉验证；
- Leave-one-out；
- Bootstrap。

随机子抽样方法执行几个 Holdout 方法，其中数据集划分为训练集和测试集是随机定义的。图 8.3 所示为随机子抽样验证方法如何对具有 8 个对象的相同数据集起作用，这 8 个对象对 Holdout 进行了说明。

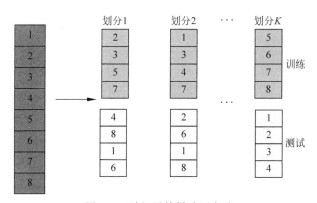

图 8.3　随机子抽样验证方法

Holdout 和随机子抽样的一个问题在于一半的数据没有用于模型归纳。如果数据集很小或中等，这可能是一种浪费。有些变量使用了训练集中 2/3 的数据和测试集中 1/3 的数据。浪费虽然减少了，但仍然存在。

在 K-fold 交叉验证方法中，原始数据集被分成 K 个子集，子集被称为 fold，理想情况下大小相等。这样就产生了 K 个分区，其中每个分区使用一个 fold 作为测试集，其余的 fold 作为训练集。K 的值通常是 10，这样一来，我们就使用了训练集中 90% 的数据，因此，得到的训练集要比随机子抽样的训练集大，另外还保证所有对象都用于测试。

K-fold 交叉验证有一种变体称为分层 K-fold 交叉验证，其保持标签中发现原始数据集的同样比例。对于回归，则是通过确保目标属性的平均值在所有 fold 类似实现的；而对于分类，它则确保每个类的对象数不同的 fold 是相似的。$K=4$ 时得到的 8 个对象数据集的划分如图 8.4 所示。

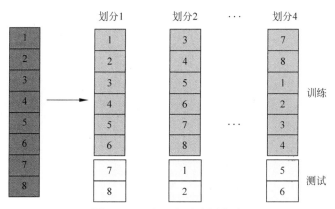

图 8.4　K-fold 交叉验证方法

Leave-one-out 方法是 K-fold 交叉验证方法的一个特例，此时 K 等于数据集中的对象数量。Leave-one-out 方法比 10 重交叉验证方法更好地估计了新数据的预测性能。Leave-one-out 所提供的平均估计值趋向于真正的预测性能，但由于它的计算成本很高，因为必须执行与数据集中对象数量成比例的实验数量，所以它的使用仅限于小数据集。此外，10 重交叉验证估计近似于 Leave-one-out 估计。图 8.5 展示了 Leave-one-out 为具有 8 个对象的数据集生成的数据集划分。因为每个划分在测试集中只有一个对象,所以测试集在不考虑任何因素时的预测性能有很大的差异。

若增加实验次数,这些实验中获得的预测性能的平均值将有助于新数据的性能评估。不过,如果我们使用 K-fold 交叉验证方法,其变量为 Leave-one-out,最大实验次数等于数据集的对象数,且次数越大,测试集预测性能的变化越大。解决这个问题的一种途径是使用 Bootstrap 方法。

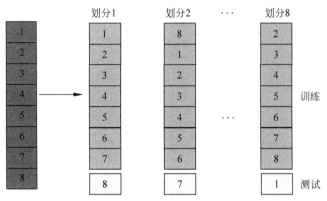

图 8.5　Leave-one-out 方法

与 Leave-one-out 方法一样,Bootstrap 验证方法也比 10 重交叉验证方法更适合小数据集。Bootstrap 方法有很多变体,对于最简单的变化,训练集的定义是均匀地从原始数据集采样并进行替换。因此,对于一个对象,在从原始数据集被选中后,放回,可以再一次选择,且与数据集中其他对象具有相同的概率。因此,训练集中的同一个对象可以被采样多次,未被采样的数据变成了测试集。训练集中有 63.3% 的对象在原始数据集中,其余 36.7% 在测试集中。将这个 Bootstrap 方法应用到一个有 8 个对象的数据集中得到的划分如图 8.6 所示。

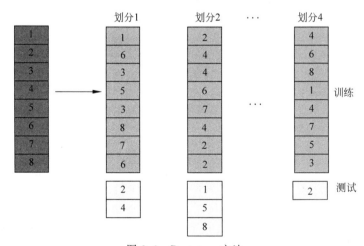

图 8.6　Bootstrap 方法

8.1.3 回归的预测性能度量

考虑本章开头讨论的线性模型,它是由一组 14 个实例训练得出的。测试集由两个实例 Omar 和 Patricia 组成,其预测身高分别为 183.618cm 和 163.455cm,但 Omar 和 Patricia 的实际身高与这些预测值不同,这意味着我们的预测存在误差。更具体地说,假设 Omar 和 Patricia 的真实测量身高分别为 176cm 和 168cm。

设 $S=\{(\boldsymbol{x}_i, y_i) | i=1,2,\cdots,n\}$ 表示测量模型预测性能的 n 个实例集合。这里的 $\boldsymbol{x}$ 用粗体表示,因为它是一个预测属性值的向量,而 y 用小写表示,因其是一个已知的单个数值,即目标值。预测的目标属性值表示为 $\hat{y}_1, \hat{y}_2, \cdots, \hat{y}_n$。

例 8.2 在我们的例子中,度量性能的集合 S 包含两个实例,所以 $n=2$。这些实例包括 $(\boldsymbol{x}_1, y_1)=((\text{Omar}, 91), 176)$ 和 $(\boldsymbol{x}_2, y_2)=((\text{Patricia}, 58), 168)$。预测的目标属性值 $\hat{y}_1=183.618$ 和 $\hat{y}_2=163.455$。

预测模型的质量是通过比较预测 $\hat{y}_i$ 以及在给定的数据集 S 中对应的真实值 y_i 得到的,根据这些差异的聚合方式,可以利用的性能度量如下。

1. 平均绝对误差(MAE)

$$\text{MAE} = \frac{1}{n} \times \sum_{i=1}^{n} | y_i - \hat{y}_i | \tag{8.1}$$

MAE 的值具有与 y 相同的单位度量。

2. 均方误差(MSE)

$$\text{MSE} = \frac{1}{n} \times \sum_{i=1}^{n} (y_i - \hat{y}_i)^2 \tag{8.2}$$

与 MAE 相比,MSE 的误差更大。

MSE 的值是 y 单位度量的平方,因此很难解释。从 MSE 中可以得到以下几个比较容易解释的性能度量。

3. 均方根误差(RMSE)

$$\text{RMSE} = \sqrt{\text{MSE}} = \sqrt{\frac{1}{n} \times \sum_{i=1}^{n} (y_i - \hat{y}_i)^2} \tag{8.3}$$

这个度量与 y 有相同的单位度量,因此比 MSE 更容易解释。

4. 相对均方误差(RelMSE)

$$\text{RelMSE} = \frac{\sum\limits_{i=1}^{n} (y_i - \hat{y}_i)^2}{\sum\limits_{i=1}^{n} (y_i - \bar{y})^2} \tag{8.4}$$

其中,$\bar{y}$ 为训练集中目标值的平均数。

该度量对所有 $\hat{y}_i$ 以及平均值的预测能力进行比较,RelMSE 值的含义如下。

(1)如果回归模型是完美的,则为 0。

（2）如果有用，取值范围则为(0,1)。

（3）如果使用平均值和预测器的效果相同，则为 1。

（4）如果比琐碎预测更差，则大于 1。

5. 变异系数（CV）

$$CV = \frac{RMSE}{\bar{y}} \tag{8.5}$$

CV 是没有单位的，结果是平均值的一个百分比，因此很容易解释。但 CV 只有当 y 的域是 IR^+ 时才有意义。

例如：

$$MAE = \frac{1}{2} \times (\mid 176 - 183.618 \mid + \mid 168 - 163.455 \mid)$$

$$= \frac{1}{2} \times (7.618 + 4.545) = 6.082$$

$$MSE = \frac{1}{2} \times [(176 - 183.618)^2 + (168 - 163.455)^2] = \frac{1}{2} \times [(-7.618)^2 + 4.545^2]$$

$$= 39.345$$

$$RMSE = \sqrt{MSE} = \sqrt{39.345} = 6.273$$

$$\bar{y} = \frac{175 + 195 + 172 + 180 + 168 + 173 + 180 + 165 + 158 + 163 + 190 + 172 + 185 + 192}{14}$$

$$= 176.286$$

$$RelMSE = \frac{(176 - 183.618)^2 + (168 - 163.455)^2}{(176 - 176.286)^2 + (168 - 176.286)^2} = \frac{78.691}{68.740} = 1.145$$

$$CV = \frac{6.273}{176.286} = 0.036$$

8.2 寻找模型参数

在给定了训练集数据后，若选择了要使用的模型类型，必须找到最合适的参数，回想一下，在学习期间，我们不知道测试集实例的目标属性值，但只有预测属性的数值。在我们的例子中，Omar 和 Patricia 的真实身高被学习算法"隐藏"了，我们只使用它们测量结果模型的预测性能。

从本质上讲，每种学习技术都是在给定目标函数的情况下，找到相应模型最优参数的一种优化算法。这意味着模型的类型决定了学习算法，换句话说，每个学习算法都是为了优化特定类型的模型而设计的。目前存在多种回归算法，其中大多数是在统计领域，接下来简要介绍其中几个最常见的算法。

8.2.1 线性回归

线性回归(Linear Regression,LR)算法是最古老、最简单的回归算法之一。虽然简单,但它能得到良好的回归模型,且易于解释。

仔细看下自己的模型,身高=128.017+0.611×体重,这将使我们了解 LR 背后的主要思想。根据上面的标记,每个实例 x 只与一个属性关联,即权重(这就是为什么它通常被称为单变量线性回归),而目标属性 y 与身高关联。如前所述,这个模型是二维空间中的直线方程。我们可以看到有两个参数 $\hat{\beta}_0$ 和 $\hat{\beta}_1$,因此,$\hat{\beta}_1$ 和属性 x_1(体重)的重要性相关联。另一个参数则称为截距,也就是当线性模型和 y 轴相交时为 $\hat{y}$ 的值,或者说 $x_1 = 0$ 时的值。

优化过程的结果是,这条线通过这些实例的"中间",且用点表示。在这种情况下,目标函数可以定义为:找到参数 $\hat{\beta}_0$ 和 $\hat{\beta}_1$,表示一条线,点到这条线的距离平方最小。换句话说,找到一个模型 $\hat{y} = \hat{\beta}_0 + \hat{\beta}_1 \times x_1$,其名为一元线性模型,$y_i$ 和 $\hat{y}_i$ 之间的均方误差最小,考虑训练集中的所有的实例 (x_i, y_i),其中 $i = 1, 2, \cdots, n$。其可以正式写作

$$\underset{\hat{\beta}_0, \hat{\beta}_1}{\mathrm{argmin}} \sum_{i=1}^{n} (y_i - \hat{y}_i)^2 = \underset{\hat{\beta}_0, \hat{\beta}_1}{\mathrm{argmin}} \sum_{i=1}^{n} (y_i (\hat{\beta}_0 + \hat{\beta}_1 x_{i_1}))^2 \tag{8.6}$$

对于例子中给定的训练数据,最优值 $\hat{\beta}_0$ 和 $\hat{\beta}_1$ 分别为 128.017 和 0.611。

对于多元线性回归(Multiple Linear Regression,MLR)(任意数量 p 的预测属性的线性模型),模型表示为

$$\hat{y} = \hat{\beta}_0 + \sum_{j=1}^{p} \hat{\beta}_j x_j \tag{8.7}$$

其中,p 为预测属性的数量;$\hat{\beta}_0$ 为所有 $x_j = 0$ 时 $\hat{y}$ 的数值;$\hat{\beta}_i$ 为第 j 轴对应的线性模型的斜率——每单位 x_j 变化导致的 $\hat{y}$ 的变化。

下面快速看一下符号 x_j,它表示数组 $x = (x_1, \cdots, x_j, \cdots, x_p)$ 形式的某个对象 x 的第 j 个属性。由于我们的数据由多个实例 $x_1, x_2, \cdots, x_n$ 组成,第 i 个实例记为 $x_i = (x_{i1}, \cdots, x_{ij}, \cdots, x_{ip})$,$x_{ij}$ 表示第 j 个属性。

数值 $\hat{\beta}_0, \hat{\beta}_1, \cdots, \hat{\beta}_p$ 由一个适当的优化方法进行评估,使用的目标函数如下。

$$\underset{\hat{\beta}_0, \cdots, \hat{\beta}_p}{\mathrm{argmin}} \sum_{i=1}^{n} (y_i - \hat{y}_i)^2 = \underset{\hat{\beta}_0, \cdots, \hat{\beta}_p}{\mathrm{argmin}} \sum_{i=1}^{n} \left[y_i - (\hat{\beta}_0 + \sum_{j=1}^{p} \hat{\beta}_j x_{i_j}) \right]^2 \tag{8.8}$$

n 个实例对应 p 个预测属性。

记住,我们在学习过程中只有训练集可用,因此,当模型学习时,误差也会在这个训练集上被测量出来。如果我们将(平方)误差 $(y_i - \hat{y}_i)^2$ 表示为 $\mathrm{error}(y_i, \hat{y}_i)$,基于给定实例 $x_1, x_2, \cdots, x_n$,式(8.6)和式(8.8)引入的目标函数可以写作

$$\underset{\hat{\beta}_0,\hat{\beta}_1}{\mathrm{argmin}}\sum_{i=1}^{n}\mathrm{error}(y_i,\hat{y}_i) \tag{8.9}$$

以及

$$\underset{\hat{\beta}_0,\cdots,\hat{\beta}_p}{\mathrm{argmin}}\sum_{i=1}^{n}\mathrm{error}(y_i,\hat{y}_i) \tag{8.10}$$

式(8.9)和式(8.10)分别为单元和多元线性回归。

训练集上测量的误差称为经验错误或经验损失,即测量训练实例(x_i)的预测值($\hat{y}_i$)和测量(y_i)值之间的偏差。

多元线性模型对误差(y 的无法解释的变化)的假设如下。

(1) 它们是独立且恒等分布的,当预测属性之间存在共线性时,这一假设就会受到影响。

(2) 同构性:存在同构方差,如图 8.7 所示。

(3) 正态分布:可以通过理论分布和数据分布的比较来验证。

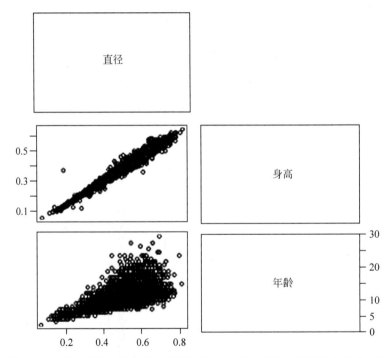

图 8.7　一种贝类的直径与身高的近似均匀方差和直径与年龄的非均匀方差

违反这些假设会导致系数 $\hat{\beta}_i$ 定义的不准确。

MLR 的主要结果是 $\hat{\beta}_i$ 系数的评估。$\hat{\beta}_0$ 系数一般称作系数或 α,不要忘了在知道所有 $\hat{\beta}_i(i=0,1,\cdots,p)$ 的值后,就有可能估计新的未标记实例的目标值。此外,评估 $\hat{\beta}_1,\hat{\beta}_2,\cdots,$

$\hat{\beta}_p$ 表示实例 x 在目标值为 y 时的属性值 $x_1,x_2,\cdots,x_p$ 的影响。$\hat{\beta}_i$ 的符号对应属性 x_i 对于 y 的重要性。对于正的 β_i，x_i 会对 y 起到正影响，而负值则表示影响为负。

线性回归模型的可解释性是其流行的一个原因，另一个原因是 LR 没有超参数。表 8.2 总结了 LR 的主要优点和缺点。

表 8.2　线性回归的优缺点

优　　点	缺　　点
• 强大的数学基础	• 如果预测属性和目标之间的关系是非线性的，则不适合
• 易于解释	• 实例的数量必须大于属性的数量
• 无需超参数	• 对相关的预测属性敏感
	• 对异常值敏感

当数据集具有大量的预测属性时，多元线性回归就会受到影响。可以通过下面的方法来解决。

（1）使用属性选择方法降低维度（回顾 4.5.2 节中描述的属性选择方法）。

（2）降低权重。

（3）使用属性的线性组合，而不是原始的预测属性。

接下来讨论收缩方法和属性的线性组合。但在此之前，将会对偏差-方差权衡进行讨论，这是有助于理解收缩方法的一个重要概念。

8.2.2　偏差-方差权衡

我们先讨论一下数据中的噪声，噪声对学习过程的结果有很大的影响。噪声的出现可能有很多原因，如测量设备或传感器不精确。在我们的例子中，每个人的身高都是整数，因此就可能不精确。我们通常不以更精确的比例测量身高。

假设实例 x_i 和它们的标签 y_i 之间的关系可以由函数 f 表示，该函数将每个 x_i 映射到 $f(x_i)$，不过真正的测量值 y_i 通常和函数值 $f(x_i)$ 不同，差值 ε 通常非常小，由噪声值引起。因此，可以得到

$$y_i = f(x_i) + \varepsilon_i \tag{8.11}$$

其中，噪声 ε_i 是任意模型都无法预测的 y_i 分量。此外，我们通常假设正态分布的噪声均值为 0，也就是说，$\varepsilon \sim N(0,1)$。换句话说，有些情况下，y_i 略低于 $f(x_i)$（负噪声），而有时 y_i 则略高于 $f(x_i)$（正噪声），但是平均噪声（其期望值）应该为 0。

不过由于 f 未知，回归的目的是预测模型 $\hat{f}$ 尽可能接近 f，即

$$\hat{f} \approx f \tag{8.12}$$

要成为一个有用的模型，$\hat{f}$ 应该尽可能接近 f，不仅为了训练实例，也为了新的未知实例。换句话说，我们想要预测未来（测试数据），而不是过去（训练数据）。不过在某些情况下，很难得出一个好的模型。首先，如前所述，数据中存在噪声；另一个非常重要的问题是

所使用模型具有局限性,如线性模型不能捕获数据中更复杂、非线性的关系和趋势,这将在第 10 章中讨论;最后,训练数据的选择有些随机。如果图 8.1 中的训练数据只包含这些人的一半,或者包含其他联系人,那情况又会如何呢?模型会是一样的吗?可能不会。问题是,如果我们的模型是在不同的数据上训练的,即使只有一点点不同,模型又会是什么样的呢?

为了说明这种情况,考虑从图 8.1 中选择的 4 个实例。图 8.8 中包含了 4 个场景,在每个实例中,3 个训练实例用点标记,而一个测试实例则用圆标记。训练以下 3 种不同的模型。

(1)平均模型是最简单的,用于预测新实例的训练数据中实例的平均身高。

(2)线性回归模型更复杂。

(3)一种非线性模型,符合多项式 $\hat{y} = \beta_0 + \beta_1 x + \beta_2 x^2$,且是最复杂的。

这些模型在测试实例上的 MSE 由相应的阴影矩形表示。

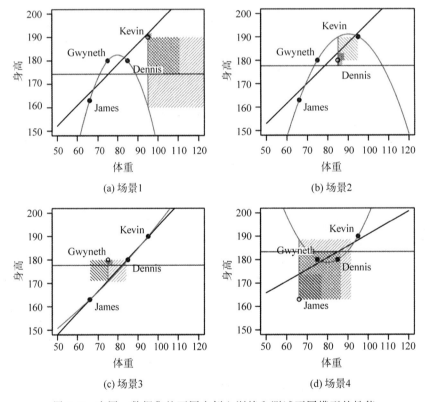

图 8.8　在同一数据集的不同实例上训练和测试不同模型的性能

现在分析相同的 3 个模型,每次分析一个,每个场景中的预测如图 8.9 所示。首先来看最复杂的多项式模型,模型与训练数据吻合较好,4 种情形下的经验 MSE 均为零。换句话说,模型的偏差非常低,因此在这种情况下,它们可以精确地"复制"训练数据。另外,4 组训练数据归纳出的 4 种模型差异很大,也就是说,这些模型的方差很大,说明它们不是特别稳定。大方差意味着这些模型在 4 个测试实例上测量的 MSE(图 8.8 中从测试实例到相应模型的直线两侧的灰色阴影正方形）也是大的。在这种情况下，我们说多项式模型过度拟合了数据：它们的偏差很小，但方差很大。请注意，这是一个使用少量数据演示过度拟合的实例，但非常复杂的模型即使有大量的数据也会过度拟合。

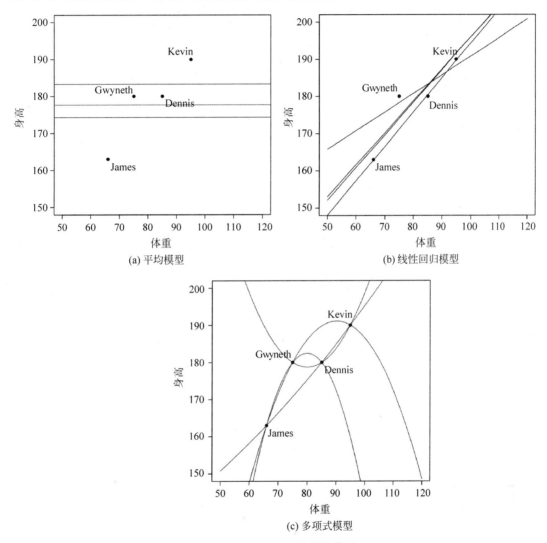

图 8.9　基于图 8.8 的训练模型

在另一个极端，最不复杂的模型（平均模型）则表现出了相反的行为。它非常稳定，对于各种场景变化不大（图 8.8(b) 和图 8.8(c) 中的模型实际上是相同的），换句话说，它的方差很低。另外，经验 MSE 在 4 种情况下都是最大的，因此平均模型的偏差较大。在这种情况下，可以说平均模型不适合我们所用的数据，具有高偏差和低方差。

显然，这两个极端都不好，我们需要在低偏差模型和低方差模型之间找到一个折中点，如图 8.10 所示。在我们的例子中，从图 8.8 中可以看出，线性模型似乎是一个不错的选择，因为在所有情况下,它都具有相当低的偏差,同时也保持了较低的方差。可以看出,在所有4个场景中,线性模型在测试实例上的 MSE 最低。

偏差-方差权衡如图 8.10 所示。偏差和方差是负相关的,所以最小化一个会使另一个最大化。可以稍微增加偏差,减少总体误差,这是因为有可能增加一点方差,减少总体误差。事实上,确定性模型对相同的输入产生唯一的输出。但我们测量的不是模型的偏差,而是方法的偏差。一些方法随着训练集的微小变化而发生了有意义的变化。

为什么这很重要?我们将看到,一些方法更侧重于减少误差的偏差部分,而另一些方法更侧重于减少误差的方差部分。一般来说,模型越复杂,偏差越小,方差越大;而模型越简单,期望偏差越大,方差越小。现在我们来看看通过增加偏差来减少方差和总体 MSE 误差的方法。

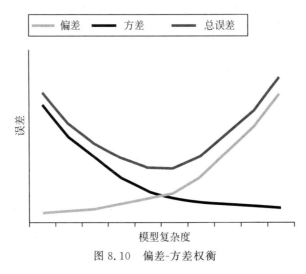

图 8.10   偏差-方差权衡

8.2.3   收缩方法

多元线性回归偏差小,方差大。收缩方法试图通过稍微增加偏差同时减少误差的方差部分,来最小化总体误差。最著名的两种收缩方法是岭回归和 Lasso 回归。

1. 岭回归

通过在式(8.10)中加入系数 $\hat{\beta}_0, \hat{\beta}_1, \cdots, \hat{\beta}_p$ 的惩罚项,岭回归增加了总体误差的偏差部分,得到的优化目标函数如下。

$$\underset{\hat{\beta}_0, \cdots, \hat{\beta}_p}{\mathrm{argmin}} \left\{ \sum_{i=1}^{n} \mathrm{error}(y_i, \hat{y}_i) + \lambda \sum_{j=1}^{p} \hat{\beta}_j^2 \right\} \tag{8.13}$$

对于具有 p 个预测属性的 n 个实例,根据式(8.8),可改写为

$$\underset{\hat{\beta}_0, \cdots, \hat{\beta}_p}{\mathrm{argmin}} \left\{ \sum_{i=1}^{n} \left[y_i - \left(\hat{\beta}_0 + \sum_{j=1}^{p} \hat{\beta}_j x_{ij} \right) \right]^2 + \lambda \sum_{j=1}^{p} \hat{\beta}_j^2 \right\} \tag{8.14}$$

对于 MLR,岭回归的主要结果为 $\hat{\beta}_j$ 系数的评估集。事实上,岭回归也是一个多元线性模型,但使用不同的方法学习 $\hat{\beta}_j$ 系数。

岭回归有一个超参数 λ,它会对 $\hat{\beta}_j$ 系数进行"惩罚",也就是说,随着 λ 的增大,$\hat{\beta}_j$ 系数的增大代价也越大。λ 的正确值是与问题相关的。

岭回归的优点和缺点如表 8.3 所示。

表 8.3 岭回归的优缺点

优 点	缺 点
• 强大的数学基础 • 易于解释 • 处理相关预测属性比普通最小二乘法更好	• 实例的数量必须大于属性的数量 • 对离群值敏感 • 数据应该规范 • 当预测属性和目标属性之间是非线性关系时,信息的使用效果很差

2. Lasso 回归

最小绝对收缩选择算子(Lasso)回归算法是另一种惩罚型回归算法,能够有效地处理高维数据集。它在进行属性选择时不仅考虑了模型的预测性能,还考虑了模型的复杂性。复杂度由模型使用的预测属性的数量度量,将一个额外的加权项加到多元线性回归方程模型中,这个加权项取决于权重模块 $\hat{\beta}_j$ 之和。加权值定义了模型中预测属性的重要性和数量。

Lasso 回归算法通常产生稀疏解,稀疏意味着大量的预测属性的权值为零,从而导致回归模型使用少量的预测属性。除了属性选择之外,Lasso 回归算法还执行收缩,从数学的角度来看,Lasso 回归是很好的一个算法。

Lasso 回归公式与岭回归公式十分相似。

$$\underset{\hat{\beta}_0, \cdots, \hat{\beta}_p}{\mathrm{argmin}}\left\{ \sum_{i=1}^{n} \mathrm{error}(y_i, \hat{y}_i) + \lambda \sum_{j=1}^{p} |\hat{\beta}_j| \right\} \tag{8.15}$$

然而,它们是本质上不同的模型。这是因为 Lasso 回归公式适用于许多零 $\hat{\beta}_j$ 系数存在的情形。为了说明原因,假定 $\hat{\beta}_1 = 0.2, \hat{\beta}_2 = 0.2$,岭回归方法会得到 $\sum_{j=1}^{p} \hat{\beta}_j^2 = 0.2^2 + 0.3^2 = 0.04 + 0.09 = 0.13$,而 Lasso 回归则会得到 $\sum_{j=1}^{p} |\hat{\beta}_j| = |0.2| + |0.3| = 0.5$。但如果 $\hat{\beta}_1 = 0.5, \hat{\beta}_2 = 0.0$,则岭回归得到 $\sum_{j=1}^{p} \hat{\beta}_j^2 = 0.5^2 + 0.0^2 = 0.25 + 0 = 0.25$,数值比之前要大,而 Lasso 回归则会得到 $|0.5| + |0| = 0.5$,数值和之前相同。这个例子表明,岭回归促进了收缩,而 Lasso 回归通过将一些 $\hat{\beta}_j$ 权值设置为 0 促进属性选择,但同时也收缩了其他一些系数。

与 MLR 和岭回归一样,Lasso 回归的主要结果是对 $\hat{\beta}_j$ 系数的估计。Lasso 回归也是一个多元线性模型,但是使用不同的方法学习 $\hat{\beta}_j$ 系数。

与岭回归一样,Lasso 回归也有一个超参数 λ,它限制了 $\hat{\beta}_j$ 系数,也就是说,λ 越大,$\hat{\beta}_j$ 系数增大的代价就越大。λ 的正确值取决于具体问题。

Lasso 回归的优缺点如表 8.4 所示。

表 8.4　Lasso 回归的优缺点

优　　点	缺　　点
• 强大的数学基础 • 比普通的最小二乘法和岭回归更容易解释,因为其产生的模型更简单(预测属性更少) • 处理相关预测属性比岭回归或普通最小二乘法更好 • 自动消除不相关属性	• 实例的数量必须大于属性的数量 • 对离群值敏感 • 数据应该规范化 • 当预测属性和目标属性之间是非线性关系时,信息的使用效果很差

8.2.4　使用属性的线性组合方法

处理多个属性的第 3 种方法是创建新的预测属性的线性组合,如第 3 章主成分分析中所述,其中一些属性是相互关联的。这些属性可以用于线性回归,而不是原来的属性。

1. 主成分回归

主成分回归(Principal Components Regression,PCR)建立预测属性的线性组合。第 1 个主成分(第 1 个线性组合)是所有可能的线性组合中方差最大的一个。接下来的主成分是那些在与之前的所有主成分不相关的情况下捕获了大部分剩余可变性的成分。PCR 定义了主成分,但没有评估生成的主成分与目标属性之间的相关性。主成分被用作多元线性回归问题的预测属性。

2. 偏最小二乘回归

偏最小二乘(Partial Least Squares,PLS)回归首先评估每个预测属性与目标属性的相关性。第 1 个主成分是预测属性的线性组合,每个预测属性的权值根据其对目标属性的单元影响的强度定义,该过程与 PCR 方法相同。PLS 的结果与 PCR 相似,但使用的主成分较少,这是测量主成分与目标属性之间的相关性的过程引起的。

8.3　技术选型

在本章中,我们看到了一些在回归任务中广泛应用的预测技术。目前已经提出了几种技术,并且正在不断地为回归和分类创建新的技术。Ferdandez-Delgado 等在 121 个数据集中比较了 179 种分类技术。

因此,当有一个新的预测任务时,我们面临的问题是选择哪种预测技术。为了减少选项,可以选择那些在预测任务中表现良好的技术,但即便如此,选择仍有很多。技术的选择受到实际需求的影响,这取决于以下几方面。

1.存储器

技术所需的存储:对于数据流应用程序,其中新的数据不断到来,而且分类模型需要自动更新,如果技术是在便携式设备中实现的,它必须适合可用的设备存储器。

模型所需的存储器:当模型在小型便携设备上实现并需要存储在小型存储器空间时,存储模型所需的空间尤为重要。

2.处理成本

技术处理成本:这项措施涉及将技术应用于数据集以归纳分类模型的计算成本,这在数据流应用程序中尤其重要,因为模型的归纳或更新必须很快。

模型处理成本:对象的预测属性值已知,这是模型预测对象的类标签所花费的时间,与需要快速输出的应用程序相关,如自动驾驶。

3.预测性能

技术预测性能:这项措施评估由技术得到的模型的预测性能,这是主要的性能度量,也是技术选择考虑的主要方面。它通常是由该技术得到的几个模型对一个数据集的不同样本的平均预测性能,取决于由该技术得到的模型的预测性能。

模型预测性能:对新数据分类技术所产生的分类模型预测性能的估计。

4.可解释性

技术可解释性:由技术得到的模型所表示的知识理解起来的难度。

模型可解释性:人类理解特定模型所代表的知识的难度。

8.4　本章小结

本章介绍了一些关于预测的重要概念:训练和测试数据集以充分评估方法和模型所需的设置。虽然这些概念在回归章节中已经介绍过,但是它们对于回归和分类都是相关的。

本章的另一部分描述了一些最流行的回归方法,所述的方法都基于统计,其中一些基于偏差-方差权衡,另一些则是基于主成分。

最后,本章介绍了一些用于选择技术的标准,这些需求可以用于任何预测任务,而不仅仅是回归。第 12 章总结了第 3 部分中使用这些和其他需求的不同方法。

第 9 章将介绍分类,特别是二元分类。

8.5　练习

(1) 用自己的话解释一下选择模型和选择具有各自超参数的算法之间的区别。

(2) 为什么我们要使用不同的数据训练和测试一个模型?

(3) 与均方误差相比,变异系数和相对均方误差的优点是什么?

（4）考虑公式 $\hat{y}=5+0.5x$，并利用图形解释系数 5 和 0.5 的含义。

（5）如何根据偏差-方差权衡对线性模型进行分类？

（6）对表 8.5 中的数据集使用多元线性回归（MLR），对子集属性进行正向选择。

（7）利用表 8.5 中的数据集，以 10 重交叉验证为重新采样技术，均方误差为性能指标，对 MLR 的预测性能进行检验。

（8）在前面的问题中使用岭回归以及相同的数据和实验设置，λ 值为 0.1，0.5 和 1。

（9）在前面的问题中使用 Lasso 回归以及相同的数据和实验设置，λ 值为 0.1，0.5 和 1。

（10）在预测性能、解释能力和模型处理成本方面，比较前 3 个问题的结果。

表 8.5 以身高为目标的社交网络数据

年龄	受教育程度	最高温度	体重	阿拉伯	印度	地中海	东方	快餐	身高
55	1.0	25	77	0	1	1	0	0	175
43	2.0	31	110	0	1	0	1	1	195
37	5.0	15	70	0	1	1	1	0	172
82	3.0	20	85	1	0	1	0	0	180
23	3.2	10	65	0	0	0	1	0	168
46	5.0	12	75	0	1	1	1	0	173
38	4.2	16	75	1	0	1	0	0	180
50	4.0	26	63	0	1	0	1	1	165
29	4.5	15	55	0	1	1	1	0	158
42	4.1	21	66	1	0	1	0	0	163
35	4.5	30	95	0	1	0	1	0	190
38	2.5	13	72	0	0	1	0	0	172
31	4.8	8	83	0	0	1	1	0	185
71	2.3	12	115	0	1	0	0	1	192

第9章

分　类

分类是分析中最常见的任务之一,也是预测分析中最常见的任务之一。不知不觉中,我们一直在对事物进行分类,通常在下面的情况中执行分类任务。

(1) 决定是在家里、出去吃饭还是去拜访朋友。

(2) 从餐厅的菜单上选择食物。

(3) 决定某人是否应该加入我们的社交网络。

(4) 决定某人是否是朋友。

分类不仅用于社会生活中的决定,私营和公共部门的许多活动也至关重要。可以使用ML算法的分类任务实例如下。

(1) 将邮件归类为垃圾邮件或有用邮件。

(2) 诊断一个人生病还是健康。

(3) 判断金融交易为欺诈或正常。

(4) 识别一张人脸属于罪犯或无辜。

(5) 预测我们的社交网络中是否有人会是不错的晚餐伙伴。

分类任务是一种预测任务,其中要分配给一个新的未标记的对象的标签(假设预测属性值已定),是一个表示类或类别的定性值。

分类任务的难度(复杂度)取决于训练数据集中的数据分布。最常见的分类任务是二元分类,目标属性只能是两个可能值中的一个,如"是"或"否"。通常,这些类中的一个称为积极类,另一个则是消极类,积极类通常是特别感兴趣的类。例如,一个医疗诊断分类任务只能有两类:健康类和疾病类。疾病类是我们感兴趣的主要的类,所以它是积极类。

9.1　二元分类

二元分类是最常见也是最简单的分类任务。其他大多数分类任务,如多类、多标签和层次分类,都可以分解成一组二元分类任务。在这些情况下,最后的分类是二元分类器输出的组合,第11章将讨论相关内容。

下面来看一个使用社交网络工具中联系人数据集的二元分类任务示例。假设你想出去吃饭，想要预测在自己的新联系人中，谁会是一个好伙伴，另外为了做出这个决定，可以使用社交网络中以前与人共进晚餐的数据，这些数据具有以下 3 个属性：姓名、年龄以及与那个人的关系，如表 9.1 所示。"关系"属性是一个定性属性，它有两个可能的值：好和差。进一步假设表 9.1 为所有联系人提供了这 3 个属性的值，图 9.1 则说明了数据在这个数据集中是如何分布的。

表 9.1　简单标记社交网络数据集 1

姓名	年龄	关系
Andrew	51	好
Bernhard	43	好
Dennis	82	好
Eve	23	差
Fred	46	好
Irene	29	差
James	42	好
Lea	38	好
Mary	31	差

图 9.1　简单的二元分类任务

基于这个数据集，可以通过分类算法识别一个能够将对象分成两个类的垂直线，从而归纳出一个简单的分类模型。例如，可以产生一个线性方程 $\hat{y} = \hat{\beta}_0 + \hat{\beta}_1 x$ 表示的分类模型，在我们的例子中，由于 $\hat{\beta}_0 = 0$ 和 $\hat{\beta}_1 = 1$，可以将方程将简化为：晚餐＝年龄，其中 y 是目标属性晚餐，x 则是预测属性年龄。根据这个等式，对象的分类可以用一个简单的规则来表示：年龄小于或等于 31 岁的人在上次聚餐时都不太好，其他的则都归为好伙伴。因此，可以归纳出一个简单的模型，它可以是这样一个规则：

若年龄＜32

　　　那么晚餐会不好

否则　晚餐会不错

将这个规则应用于表 9.1 中的数据集，会得到一条分隔线，将这两个类中的对象分隔开，如图 9.2 所示，将对象与这两个类分隔开的其他任何竖线也都是有效的分类模型。

不过这个数据集表现得非常好，而分类任务通常不会那么容易。假设你的数据集实际上是表 9.2 以及图 9.3 中的数据，和表 9.1 中的数据集类似的一个简单规则将不再适用，用竖线分隔对象表示的其他任何规则也不行。

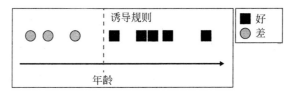

图 9.2 二元分类任务的分类模型

表 9.2 简单标记社交网络数据集 2

姓名	年龄	关系
Andrew	51	好
Bernhard	43	好
Dennis	82	好
Eve	23	差
Fred	46	好
Irene	29	差
James	42	差
Lea	38	好
Mary	31	好

图 9.3 新的二元分类任务

解决这个问题的另一种方法是从我们的社交网络数据中额外提取一个预测属性,通过这个属性可以得到一个能够区分这两个类的分类模型。在本例中,我们将添加属性"受教育程度",新的数据集(现在有 8 个对象)如表 9.3 所示,这个数据集的数据分布如图 9.4 所示。

表 9.3 简单标记社交网络数据集 3

姓名	年龄	受教育程度	关系
Andrew	51	1.0	好
Bernhard	43	2.0	好
Eve	23	3.5	差
Fred	46	5.0	好
Irene	29	4.5	差
James	42	4.0	好
Lea	38	5.0	差
Mary	31	3.0	好

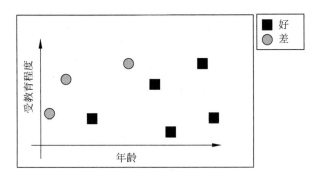

图 9.4　具有两个预测属性的二元分类任务

我们可以使用姓名作为第 2 个预测属性,但用姓名区分关系好坏是没有意义的。

由于具有两个预测属性的分类任务可以用具有两个轴的图表示,所以这种表示是二维的。预测属性最多有 3 个,不需要进行数学转换就可以将数据分布可视化。

接下来,可以对这个数据集应用分类算法,不使用"姓名"预测属性归纳预测模型。得到的预测模型可以表示为一个线性方程 $\hat{y}=\hat{\beta}_0+\hat{\beta}_1\,x$,如图 9.5 所示,在我们的示例中为线性方程:晚餐 $=\hat{\beta}_0+\hat{\beta}_1\times$ 年龄。与更简单的分类任务一样,利用一个预测属性,可以找到无数个解决方案将数据分成两类。

在具有两个预测属性的二元分类任务中,当一条直线可以分割两类的对象时,可以说分类数据集是线性可分的。图 9.5 为一个二维线性可分的二元分类任务。

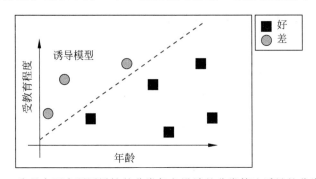

图 9.5　为具有两个预测属性的分类任务设计的分类算法诱导的分类模型

如果一个平面将对象分成两类,则具有 3 个预测属性的二元分类数据集是线性可分的。对于 3 个以上的预测属性,如果超平面将对象分成两类,则分类数据集是线性可分的。图 9.6 所示为一个三维线性可分的二元分类任务,其中第 3 轴(第 3 个预测属性)是交往的年数。

当分类数据集非线性可分时,必须创建更复杂的决策边界,因此必须要得到更复杂的分类模型。当决策边界变得更加复杂时,使用简单的分类技术建立一个能找到这个边界的模型也变得更加困难。要得到能发现复杂边界的函数,智能启发式的算法是必需的。然而,考虑到数据集中存在的不必要的细节,这种算法往往会过度拟合。

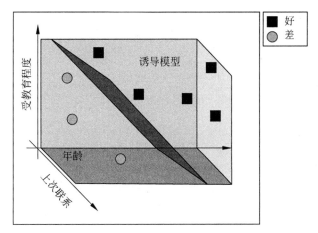

图 9.6　具有 3 个预测属性的线性可分分类任务

9.2　分类的预测性能度量

通过一个分类模型得到的对象的正确分类率,必须要优于将所有对象都放在对象数量最大的类(多数类)中得到的正确分类率。将每个新实例放在多数类中的分类器称为多数类分类器。

在处理分类任务时,有必要评估归纳模型解决任务的程度。因此,当我们必须为给定的任务确定最佳的学习算法时,评估也很重要。

大多数数据分析应用的主要关注点在于分类模型的预测性能,这与预测的标签是正确、真实的标签的频率有关。可以用来评估分类模型的预测性能的方法有好几种,它们大多是为二元分类而开发的。因此,在不失一般性的情况下,我们将讨论二元分类任务的预测性能度量。这里讨论的度量方法可以很容易地进行调整,或者对于两个以上类的分类任务具有相同的度量方法。

主要的分类性能度量可以很容易地从一个混淆矩阵中得到,它是一个 2×2 矩阵,对于每个类以及类已经被分类器预测的一组对象,可以知道有多少对象被正确分类,有多少对象被错误分类。图 9.7 所示为一个混淆矩阵,我们可以使用这个矩阵查看在哪些地方正确地预测了对象的类,在哪些地方错误地预测了类。

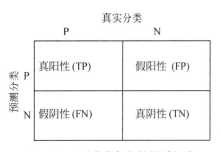

图 9.7　二元分类任务的混淆矩阵

两行表示预测的类,两列表示真实的类,正确的预测是主对角线上的值,这条对角线表示真阳性和真阴性的数量。错误的预测(假阳性和假阴性)显示在次对角线上,右上角的值是假阳性。

类似地,左下角的值指的是假阴性。

　　仅使用两个预测属性绘制每个实例后,可以说明预测的和真实的数据类。为了更好地说明关于 TP、TN、FP 和 FN 的数据分布,图 9.8 使用了一个虚构的数据集,对每个类中的每个对象列出了其分类被正确预测和错误预测的对象分布。

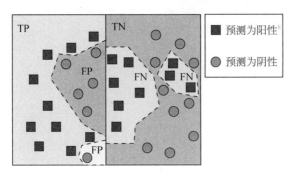

图 9.8　虚拟数据集根据预测属性值、真实分类和预测分类的数据分布

　　目前用于评估分类算法和由这些算法产生的分类模型的预测性能度量,是这 4 个简单度量的组合。

　　在分类任务中经常使用的两个简单的错误度量如下。

　　(1) 假阳性率,也称为Ⅰ类错误或误报率。

　　(2) 假阴性率,也称为Ⅱ类错误或丢失。

　　这些度量是有用的,但它们不是唯一可以从混淆矩阵中提取的度量,图 9.9 说明了可以从矩阵中提取的一些预测性能度量。

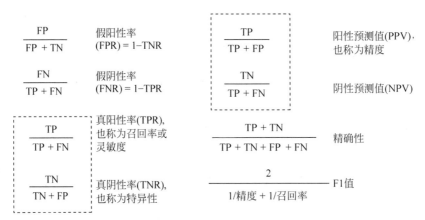

图 9.9　二元分类任务的预测性能度量

　　真阳性率(TPR)或召回率返回被诱导分类器分类为阳性的真阳性对象的百分比。当所有来自阳性类的对象被诱导分类器分配给阳性类时,它达到最大值。召回率也称为灵敏度,此次召回率的补数是假阴性率(FNR)。

与阴性类的召回率等价的是真阴性率(TNR)或特异性。这个度量返回被诱导的分类器将来自阴性类的对象分类为阴性的百分比。因此,当所有的阴性实例都被诱导分类器正确地预测为阴性时,它的值更高。特异性的补数是假阳性率(FPR)。

其他评价诱导分类器预测性能的度量有阳性预测值(PPV,也称精度)和阴性预测值,召回率和特异性是不能忽视的度量方法,因为它们评估来自一个类的对象是如何分配给那个类的。精度度量返回被归为阳性的对象的百分比,这些对象实际上是阳性的。当没有阴性的对象被归类为阳性的对象时,它的数值会更高(阴性类中没有包含任何阴性对象)。精度和召回率是这些度量中最常用的,它们在信息检索任务中很常见。

为了将这些度量应用于实践,假设使用表9.3中的数据集作为训练数据,使用决策树归纳算法得到分类模型。我们想要评估一个决策树的分类模型,来预测新对象的类别。由于要评估模型预测新对象类的能力,所以使用一个带有标记数据的测试集进行测试。我们想看看模型得到的分类预测在多大程度上与真正的分类匹配,测试集如表9.4所示。我们之前认为,只有两个预测属性与预测谁将成为好伙伴有关——年龄和受教育程度。

表 9.4 简单标记社交网络扩展数据集

姓名	年龄	受教育程度	关系
Paul	48	1.0	差
Monica	43	2.0	好
Lee	82	3.0	差
Eve	23	3.0	差
Fred	46	5.0	好
Irene	29	4.5	差
James	42	4.1	好
Lea	38	5.0	差
Mary	31	3.0	好
Peter	41	1.0	好
Mary	43	2.0	好
Louis	82	3.0	好
Jonathan	23	3.5	差
Levy	46	5.0	好
Joseph	17	4.0	差
Omar	42	4.0	好
Lisa	38	4.0	差
Elizabeth	31	2.0	好
Taylor	46	5.0	好
Yves	29	4.0	差

真实分类

图 9.10 示例数据集的
混淆矩阵

只要计算每个类中正确分类和错误分类的对象的数量,就可以得到如图 9.10 所示的混淆矩阵。

利用这个混淆矩阵,我们可以很容易地从图 9.9 中计算出预测性能度量,过程可以参考式(9.1)~式(9.8)。

$$FPR = \frac{FP}{FP + TN} = \frac{3}{3 + 8} \tag{9.1}$$

$$FNR = \frac{FN}{TP + FN} \tag{9.2}$$

$$Recall = \frac{TP}{TP + FN} \tag{9.3}$$

$$Specificity = \frac{TN}{TN + FP} \tag{9.4}$$

$$PPR(Precision) = \frac{TP}{TP + FP} \tag{9.5}$$

$$NPR = \frac{TN}{TN + FN} \tag{9.6}$$

$$Accuracy = \frac{TP + TN}{TP + TN + FP + FN} \tag{9.7}$$

$$F1 = \frac{2}{\frac{1}{Precision} + \frac{1}{Recall}} \tag{9.8}$$

这些度量是非常有用的,但是对于某些情况,如不平衡的数据集,当一个类中的对象数量显著高于另一个类中的对象数量时,它们可能会偏向于多数类。

减少这一问题的预测性能度量经常用于查看有多少对象从阳性类分为阳性(由 TPR、召回率度量,且越多越好),有多少对象从阴性类被错误地划分为阳性的(由 FPR 以及 1−特异性度量,且越少越好)。如果一个分类器将所有阳性的对象分类为阳性,而没有将阴性的对象分类为阳性,那么我们就有了一个完美的分类器,一个不会进行错误分类的分类器。因此,在比较两个或多个分类器时,我们只需要查看这两个度量,最好的分类器具有最高的 TPR 和最低的 FPR。一个有助于比较几个分类器的这些度量的可视化图是受试者工作特征(Receiver Operating Characteristics,ROC)图。

以图 9.11 为例,其中展示了 3 种分类器预测性能的 ROC 图。每个分类器由图中不同的符号表示,理想的分类模型应该是具有最高 TPR 值(1.0)和最低 FPR 值(0.0)的分类器。预测性能最好的分类器是符号更接近左上角的分类器 A,其在图中重点显示。

不过,对于大多数分类器,不同的分类决策,如使用不同的阈值决定一个新对象的类别,可能会导致 ROC 图中不同的 ROC 点,因此,仅使用一个 ROC 点并不能清楚地说明分类器的性能。为了减少这种不确定性,采用了几个点,如不同的阈值,通过连接不同阈值下分类器的 ROC 点,得到一条曲线。这条曲线下的面积,即 ROC 曲线下的面积(Area Under the ROC Curve,AUC),能更好地评估分类器的预测性能。

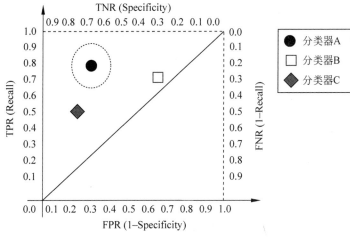

图 9.11　3 个分类器的 ROC 图

图 9.12 所示为一个给定分类器的 ROC 曲线，该曲线有 7 个 ROC 点，将这些点连接起来，得到分类器的 AUC。要计算 AUC，可以看出，曲线下的面积可以划分为 7 个梯形，因此，可以简单地将梯形的面积相加得到曲线下面积。

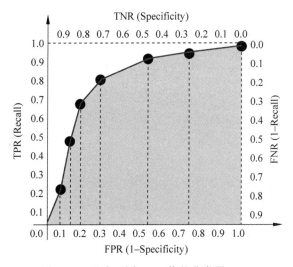

图 9.12　具有不同 ROC 值的分类器 AUC

图 9.13 所示为不同 AUC 的情况，左上角 AUC 的值为 0.5，它是一个分类器随机预测得到的 AUC。在左下角，我们有一个完美分类器的 AUC，面积等于 1.0，右上角的图形表示面积为 0.75 的 AUC 的形状。要利用 AUC 从一组可能的分类器中选择一个，只须计算每个分类器的 AUC，然后选择 AUC 最大的那个。图 9.13 右下角的图形显示了 A 和 B 两个分类器的 AUC，由于 A 分类器的 AUC 最大，所以会选择它。

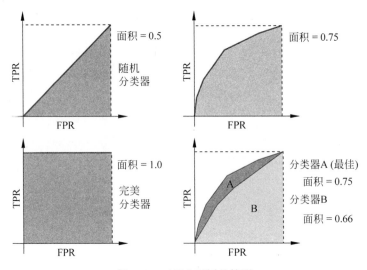

图 9.13　AUC 不同的情形

在相关文献中可以找到成千上万的分类算法,这些算法遵循不同的原则,大致可以分为以下几种。

(1) 基于距离的算法。

(2) 基于概率的算法。

(3) 基于搜索的算法。

(4) 基于优化的算法。

本章的其余部分将介绍前两类算法的主要方面,后两类问题则留在第 10 章讨论。

9.3　基于距离的学习算法

预测新对象类的最简单方法是查看这个对象与之前标记的其他对象有多相似。虽然非常简单,但基于距离的学习算法在一些应用中是很有效的。基于这种方法的最著名的算法是 k 近邻(k-NN k-Nenrest Neighbor)算法和案例推理算法,下面将介绍这两种算法。

9.3.1　k 近邻算法

k-NN 算法是最简单的分类算法之一,这个算法基于懒惰学习,因为它没有一个明确的学习阶段。相反,算法会记住训练对象,并将它们保存在内存中。每当 k-NN 必须预测一个新对象的分类时,它只识别与这个对象最相似的 k 个对象的分类。由于 k-NN 只使用那些与新对象最相似的对象的分类信息,所以它使用了一种局部学习方法。k 值定义了需要查询多少被标记的相邻对象。

下面给出 k-NN 算法的伪代码。可以看出,k-NN 没有一个明确的学习阶段。

---

k-NN 算法

---

1) 输入训练集 D_{train}；

2) 输入测试集 D_{test}；

3) 输入距离度量 d；

4) 输入测试集中的对象 x；

5) 输入邻居的数量 k；

6) 输入测试集中对象的数量 n；

7) 对于 D_{test} 中的所有的对象 x_i, do

8)   对于 D_{test} 中的所有的对象 x_j, do

9)   根据所选距离度量 d, 从 D_{train} 中找出距离 x_i 最近的 k 个对象；

10)   在 k 个最接近的对象中分配 x_i 最频繁的类标签；

要使用 k-NN 算法，需要定义 k 的值，也就是要考虑的最近邻的数量，一个非常大的值可能包含与要分类的对象非常不同的邻居，距离新对象很远的相邻对象不是该类的良好预测器。它还能做出预测，倾向于多数类。如果 k 值太小，则只考虑与要分类的对象非常相似的对象。因此，用于对新对象进行分类的信息量可能不足以进行良好的分类。这可能导致不稳定的行为，因为有噪声的对象可以决定新对象的分类，图 9.14 所示为 k 值如何影响新对象的分类，它通过使用两个不同的 k 值和针对每种情况的多数分类说明所考虑的邻居。

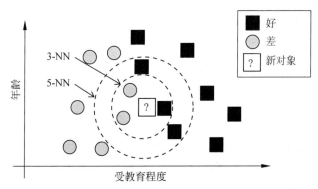

图 9.14　k-NN 算法分类中 k 值的影响

k-NN 面临的一个问题是，新对象的分类可能比较慢，因为需要计算它与训练集中所有对象之间的距离，可以利用以下两种方法解决这个问题。

（1）应用某种属性选择技术减少属性的数量，从而减少计算对象之间距离所需的时间。

（2）从训练集中删除一些实例，从而减少必须计算到新对象距离的对象数量，实现此目的的一种方法是仅存储每个类的一组对象原型。

第 4 章介绍了属性选择技术，为了减少实例，可以使用两个替代方法：顺序消除和顺序插入。

顺序消除方法从所有对象开始,迭代地丢弃由分类原型正确分类的对象。顺序插入方法的方向正好相反,它从每个分类只有一个原型开始,然后顺序地添加被原型错误地预测到分类标签的对象。

原始的 k-NN 算法在与 k 个近邻相关的分类中使用多数投票,一个有效的变量用 k 个最近的对象与被标记的对象之间距离的倒数衡量每个对象的投票。因此,距离越小,对象的投票(类标签)就越重要。

由于 k-NN 是一种懒惰学习方法,所以它没有模型。因此,可以评估的唯一结果就是预测。

k-NN 算法只有一个输入超参数,也就是最近邻的个数 k。在分类问题中使用多数投票,在回归问题中使用平均值,k 值应该使用验证数据来设置。k 的最佳值取决于数据集,当使用测试对象与最近的邻居之间距离的倒数衡量投票或平均值时,k 可以设置为训练对象的数量。

k-NN 的优缺点如表 9.5 所示。

表 9.5　k-NN 的优缺点

优　　点	缺　　点
• 简单 • 对于多个问题都有良好的预测能力 • 固有增量:若新对象被加入训练集中,则在算法需要预测新目标的分类时就会被自动考虑到	• 分类新对象所需时间长 • 只使用本地信息分类新对象 • 对不相关属性敏感 • 预测定量属性应该被规范化 • 对离群值的存在有些敏感 • 无模型,因此没有解析的可能性

最后,值得注意的是,k-NN 也可以用于回归,不使用多数投票决定新对象的预测值,而是使用 k 个最近对象的标签值的平均值。就像分类一样,选票可以用距离的倒数加权,在回归中平均数也可以用距离的倒数加权。

9.3.2　基于案例的推理

基于案例的推理(Case-Based Reasoning,CBR)是一种基于距离的推理算法,具有很强的应用价值。它试图通过寻找相似的问题并调整它们的解决方案来解决新的问题,所以它会使用以前的案例记录。每个案例都包含两个组成部分:案例描述(待解决的问题)以及用于解决问题的方案(经验)。一个典型的 CBR 系统由 4 个过程组成:检索、重用、修改和保留。图 9.15 介绍了这些流程的作用。

下面介绍典型的 CBR 运行循环,当用户有新的问题需要解决时,就向 CBR 系统提供问题描述。系统根据问题描述检索 k 个最相似的案例,通常利用 k-NN 等其他的基于距离的算法,寻找 k 个最相似的情况。可以重用检索到的案例解决方案部分解决新的问题,因此,可能需要修改解决方案,使其适应新问题的特定特性。如果修改后的解决方案或其中的一部分在将来可能有用,则在案例库中保留一个带有问题描述及其解决方案的新案例。学习发生在案例修改和案例保留过程中。

　　近年来,人们对 CBR 在分析和大数据问题中的应用越来越感兴趣。对于 CBR 在大数据中的应用,忙碌的管理者可利用基于 CBR 的支持工具帮助决策。

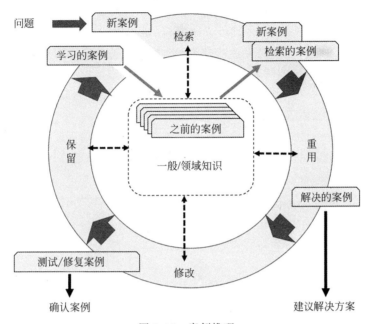

图 9.15　案例推理

9.4　概率分类算法

　　基于确定性方法的 CBR 算法在多个分类任务中具有良好的预测性能,这里所说的确定性是指如果在相同的数据集上多次运行算法,使用相同的实验设置,结果将是相同的。然而,有几个分类任务却是不确定的,之所以会发生这种情况,是因为预测属性和数据集的目标属性之间的关系是概率性的,而且并不是所有的重要信息都可以由所使用的预测属性捕获。在真实数据中,这些属性捕获的信息通常是不完整或不精确的。

　　因此,在几个分类任务中,根据我们所掌握的信息,估计属于每个分类的对象的概率是很重要的。概率 ML 算法可以对预测属性和数据集的目标属性之间的概率关系进行建模,使用贝叶斯定理的技术都基于贝叶斯统计。

　　为了解释贝叶斯的理论是如何运作的,假设在一个城市里流行一场严重急性呼吸系统综合征。城市医院的医生人数很少,因此无法应对寻求医疗诊断的人数的大幅增长。那么医院就需要一个快速的替代方案来减轻负担,同时又不降低诊断的质量,此时可以优先考虑那些感染风险较高的患者。

到目前为止,医院的医生已经能够检查和诊断 100 个病人。对每个病人,他们检查病人是否有喉咙痛和头痛,基于所看到的,他们可以说:

- 85％感染的患者有喉咙痛;
- 40％没有感染的患者有头痛。

在贝叶斯统计中,这些频数称为先验概率。

进一步假设玛丽感觉不舒服,因此她去了医院,她喉咙疼,但没有头痛。她听说了疫情后非常担心,就想知道自己感染的可能性有多大。在某些症状存在或不存在的情况下,患病的概率称为后验概率。更正式的说法是,后验概率是一个事件发生的概率,前提是另一个事件已经发生或没有发生。当我们想通过预测给定的预测属性值的目标标签来对新对象进行分类时,则是在试图预测后验概率。

根据数据集,估计一些先验和后验概率比其他更容易。在前面的例子中,定义后验概率有喉咙痛的诊断,比定义后验概率有/没有喉咙痛的流行病感染更容易。贝叶斯定理提供了一种估计第 2 个后验概率的简单方法。

对于分类任务,贝叶斯定理计算对象 x 属于 y 分类的概率为:

- 分类 y 事件发生的概率;
- 这个对象 x 发生在分类 y 中的概率;
- 以及对象 x 发生的概率。

通常,在不考虑 x 发生的概率的情况下,对这个定理进行简化。式(9.9)以正规的方式展示了贝叶斯定理。

$$P(y \mid \boldsymbol{X}) = P(\boldsymbol{X} \mid y)P(y) \mid P(\boldsymbol{X}) \tag{9.9}$$

在这个方程中,$\boldsymbol{X}$ 是大写的,因为它是一个预测属性值的向量;而 y 是小写的,因为它是单个值,一个分类标签。格式为 $P(A \mid B)$ 的概率称为条件概率,因为它们度量的是在 B 发生的条件下发生 A 的概率,或者给定 B 的条件下发生 A 的概率。$P(y \mid X)$ 是预测属性值为 X 时分类 y 发生的概率,$P(X \mid y)$ 则是给定分类 y 时预测属性值为 X 发生的概率。

在贝叶斯概率的术语中,$P(y \mid X)$ 是对象 X 属于分类 y 的后验概率,$P(X \mid y)$ 是对象 X 在分类 y 中被发现的可能性,$P(y)$ 是 y 分类的先验概率,$P(X)$ 是我们拥有的依据。

要使用贝叶斯定理预测一个新对象的分类,必须从一个非常大的数据集中获得参数值。考虑到存在的困难,参数是估算的。可以利用两类概率学习算法来估算这些参数:生成算法和判别算法。

判别算法和逻辑回归类似,估算对象 X 属于分类 y 的概率的参数。包括朴素贝叶斯(Naive Bayes,NB)算法在内的生成算法,估算两个概率的参数:分类 y 发生的概率和对象 X 发生在分类 y 中的概率。

本节将简单解释逻辑回归和 NB 算法的工作原理,假定一个具有两个预测属性和两个可能分类的分类任务,但不失一般性。

9.4.1 逻辑回归算法

如前所述,从两个分类中区分具有两个预测属性的对象的一种简单方法是找到一条将这两个分类的对象分隔开的直线。这条线由一个被称为判别函数的线性函数定义,现在的挑战是找出这条直线的方程。该函数将预测属性的值(在我们的示例中是两个)与和分类相关的值关联起来。经过一些数学变换,其形式如式(9.10)所示,这也是其线性模型。

$$\hat{y} = \hat{\beta}_0 + \hat{\beta}_1 X \tag{9.10}$$

不过,在使用概率算法的二元分类任务中,判别函数的输出值为0~1,也就是对象属于该分类的概率的两个可能极值,式(9.10)中函数的值可以在负无穷和正无穷之间,这些值可以用逻辑回归转换成概率。

虽然在其名称中有一个术语"回归",但逻辑回归用于分类任务,它估计一个对象属于一个分类的概率。为此,它将一个逻辑函数调整为一个训练数据集。

和线性函数相比,这个函数产生的值在[0,1]区间内。

首先,逻辑回归计算属于这两个分类中的每个分类对象的概率,它们是[0,1]区间内的值。计算这两个分类的比值后,对结果应用了一个对数函数。最后的结果在负无穷和正无穷区间内,称为对数概率,或分对数。线性回归(8.2.1节中描述的回归技术)可以用来找到判别函数这种线性函数。

由此可见,逻辑回归是线性分类器,可以使用判别函数得到的线性方程估计类概率。

由于逻辑回归返回一个概率,且是一个定量值,这个值必须转换成一个类标签定性值。在二元问题中,当该概率小于0.5时,预测为阴性类,否则为阳性类。

以表9.4中的社交网络数据集为例,年龄和教育程度是预测属性,关系好坏评级是目标属性。本例可以得到的简单回归模型为

$$\hat{l} = -0.833\,38 + 0.037\,07 \times 年龄 - 0.131\,33 \times 受教育程度$$

现在把这个公式应用到一个新的实例中。Andrew今年51岁,受教育程度为1.0,其逻辑如下。

$$\hat{l} = -0.833\,38 + 0.037\,07 \times 51 - 0.131\,33 \times 1.0 = 0.925\,35$$

这个值可以是IR中的任意值,利用我们得到的逻辑分布函数

$$P(\hat{y} < 0.925\,35) = \frac{1}{1 + e^{-\hat{l}}} = \frac{1}{1 + e^{-0.925\,35}} = 0.716$$

由于0.716>0.5,被预测为良好关系的阳性类别。

逻辑回归可以应用于具有任意数量预测属性的数据集,这些预测属性可以是定性的,也可以是定量的。若分类超过两个,可以使用多项逻辑回归。

逻辑回归的主要结果是线性回归系数$\hat{\beta}_i$的评估,该系数将预测的值属性关联到分对数的值。将分对数值转换为概率值,然后将概率值转换为定性值(分类)。

逻辑回归没有超参数。

逻辑回归的优缺点如表 9.6 所示。

表 9.6　逻辑回归的优缺点

优　点	缺　点
• 容易解释	• 限于先行可分二元分类任务
• 无超参数	• 实例数量必须要大于属性数量
	• 对相关预测属性敏感
	• 对离群值敏感

9.4.2　朴素贝叶斯(NB)算法

NB 是生成式 ML 算法,生成式分类算法根据联合概率(给定对象属于特定分类的概率)归纳分类模型。为此,使用由方程(9.9)定义的贝叶斯定理。

贝叶斯定理用于计算一个对象属于某个特定类的概率。因此,若有 m 个分类,要预测一个新对象的分类,如式(9.14)所示,需要使用贝叶斯定理 m 次,每个分类一次。

$$P(y_a \mid X) = P(X \mid y_a)P(y_a) \mid P(X) \tag{9.11}$$

$$P(y_b \mid X) = P(X \mid y_b)P(y_b) \mid P(X) \tag{9.12}$$

$$\vdots \tag{9.13}$$

$$P(y_m \mid X) = P(X \mid y_m)P(y_m) \mid P(X) \tag{9.14}$$

由于 $P(X)$ 对于所有的分类方程都是一样的,所以可以将它移除。考虑到所有的分类都有相同的先验概率(也就是说,所有的分类都有相同的 $P(y_i)$ 值),这一项也可以消去,因为这样不会改变最可能的分类顺序。实际上,我们的目标不是让每个分类都有一个概率值,而是让这些分类按照概率递减的顺序排列。因此,如式(9.18)所示,对方程进行了简化。

$$P(y_a \mid X) = P(X \mid y_a) \tag{9.15}$$

$$P(y_b \mid X) = P(X \mid y_b) \tag{9.16}$$

$$\vdots \tag{9.17}$$

$$P(y_m \mid X) = P(X \mid y_m) \tag{9.18}$$

将概率值 $P(y_i|X)$ 最大的分类 i 分配给对象 X,这样一来,NB 可以用于任意数量类的分类任务中。

要使用贝叶斯定理,我们需要知道 $P(X|y_i)$ 的值,其中 X 是包含 p 个值的向量,每个值对应一个对象的预测属性。如果我们认为某些预测属性的值依赖于其他属性的值,那么计算 $P(X|y_i)$ 需要进行一些中间计算,这些中间计算的估计值取决于每个类可用的训练实例的数量。例如,如果一个对象有 p 个预测属性,则可以用式(9.20)将 $P(X|y_i)$ 定义为

$$P(X \mid y_i) = P(x_1, x_2, \cdots, x_p \mid y_i) \tag{9.19}$$

$$P(X \mid y_i) = P(x_1 \mid x_2, \cdots, x_p, y_i)P(x_2 \mid x_3, \cdots, x_p, y_i)\cdots P(x_p \mid y_i)P(y_i) \tag{9.20}$$

为了简化这些计算,NB 假设预测属性是独立的,所以不用式(9.20),用式(9.22)定义 $P(X|y_i)$。

$$P(X \mid y_i) = P(x_1, x_2, \cdots, x_p \mid y_i) \tag{9.21}$$

$$P(X \mid y_i) = P(x_1 \mid y_i)P(x_2 \mid y_i)\cdots P(x_p \mid y_i) \tag{9.22}$$

如式(9.22)的右边项所示，NB 算法的主要结果是 p 个条件概率，这个信息非常有意义，因为它允许我们获得每个分类的每个预测属性的经验分布，如图 9.16 中示例数据集所示。

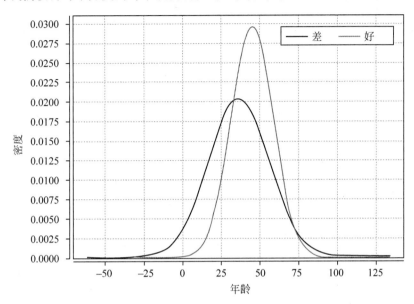

图 9.16　不同关系的朋友的年龄经验分布

NB 算法没有超参数。

NB 算法的优缺点如表 9.7 所示。

表 9.7　NB 算法的优缺点

优　　点	缺　　点
• 在预测属性独立的分类任务中具有良好的预测性能	• 快速学习的原因之一也是 NB 算法的一个局限性：未考虑预测属性间的关系
• 对存在噪声数据和非相关属性的情况下具有鲁棒性	• 可以受益于特性选择
• 因为只要看一次训练集就能够诱导分类模型，所以无须训练	• 处理预测属性中的连续定量值有些吃力
• 预测新对象的分类标签也很快	
• 诱导模型易解释	
• 无超参数	

9.5　本章小结

当前许多数据分析应用都是预测任务，这是最近几十年发展出大量用于预测任务的学习技术的主要原因之一。

本章的学习算法虽然简单,但可以归纳出具有较高预测性能的预测模型。在许多应用任务中,k-NN 的预测性能优于更复杂的分类算法。同样的观察结果也适用于基于概率论中重要概念的逻辑回归和 NB 算法。第 10 章将介绍基于另外两种学习方法的分类算法:搜索和优化。

9.6　练习

（1）描述你每天做的 5 个分类任务。

（2）如何将一个回归任务转换为一个分类任务?

（3）什么时候提取额外的预测属性有助于处理分类任务? 何时会危害任务?

（4）如何以一种非正式的方式,且使用不同于本章文本中使用的术语,将精确性和特异性联系起来?

（5）为什么准确性并非不平衡数据集的一个合适的预测性能评估度量?

（6）给定表 9.4 中的社交网络数据集,使用前 10 个对象作为训练集,最后 10 个对象作为测试子集,执行以下过程。

① 使用 k-NN 算法,取不同的 k 值($k=2$,$k=3$,$k=5$)预测测试子集对象的分类标签。

② 进行相同的实验,但交换训练子集和测试子集(最后 10 个对象用于训练,前 10 个对象用于测试)。

（7）比较之前两组实验中 k 值的结果,它们是一样的吗? 解释原因。

（8）利用逻辑回归重复前面问题中的实验,将实验结果与 k-NN 进行比较,能得出什么结论?

（9）为什么用后验概率而不是先验概率预测类别标签?

（10）使用 NB 算法重复第（6）题的实验,将实验结果与 k-NN 和逻辑回归的结果进行比较,能得出什么结论?

第 10 章

其他预测方法

许多预测任务可能比第 8 章和第 9 章中介绍的要复杂得多,因此,就可能需要更复杂的学习算法。本章将介绍一组新的预测学习算法,也就是基于搜索和基于优化的算法,这些算法使我们能够有效地处理更复杂的分类任务。

10.1 基于搜索的算法

一些 ML 算法本身也使用算法:它们执行迭代局部搜索,以诱导最佳的预测模型,即局部最优。这是决策树归纳算法(Decision Tree Induction Algorithm,DTIA)的情况,DTIA 是一种常用的、设计基于搜索算法的方法。DTIA 使用树状决策结构归纳模型,其中每个内部节点与一个或多个预测属性相关联,每个叶节点与一个目标值相关联。DITA 包括用于分类任务的 DTIA(称为分类树)和用于回归任务的 DTIA(称为回归树)。为了区分这些用途,DTIA 也称为特征树归纳算法(Characteristic Tree Induction Algorithm,CTIA),在分类任务中保留"决策树"一词,在回归任务中保留"回归树"一词。在本书中,我们认为分类和回归是决策的类型,因此采用"决策树"作为通用术语,并对特定的任务使用分类和回归树的说法。

另一种用于基于搜索的算法的方法——规则集归纳算法(Ruleset Induction Algorithm,RSIA),对模型进行搜索,由一组规则表示,具有最佳的预测性能。每个规则都有一个 if-then 格式:如果一个对象遵守一组条件,那么它就属于一个给定的分类。这两种方法都使用逻辑概念归纳预测模型。RSIA 可以看作是关联规则的一个特例,可参考第 6 章。为了使文本更简洁,书中只涉及了 DTIA。

10.1.1 决策树归纳算法

一些数据分析应用需要一个容易理解的预测模型,也就是可解释的模型。人类擅长解释流程图,其中的数据根据其值转到特定的分支,如果流程图采用树的格式(如决策树),则更容易解释。决策树经常用于决策支持系统,显示可能的决策和每个决策的结果。

在诱导决策树的 ML 算法中也发现了类似的情况。DTIA 创建一个类似树的层次结构，其中每个节点经常与一个预测属性相关联，为了查看决策树的形式，我们考虑表 10.1 中的分类任务数据集。这个数据集有 3 个预测属性和一个目标属性，后者包括两个与医疗诊断相关的分类，与诊断模型归纳相关的两个预测属性是：

（1）病人是否有疼痛感；

（2）病人体温高或低。

表 10.1　简单标记社交网络数据集

姓名	疼痛	发烧	结果
Andrew	否	高	家
Bernhard	是	高	医院
Mary	否	高	家
Dennis	是	低	家
Eve	是	高	医院
Fred	是	高	医院
Lea	否	低	家
Irene	是	低	家
James	是	高	医院

两个分类包括去医院还是回家。如图 10.1 所示，DTIA 为该数据集生成的一种可能的决策树结构，该决策树所表示的内容很容易理解。从根节点到叶节点的每个路径都可以看作一个规则，因此存在 3 条规则：

（1）如果有疼痛和高烧，病人应该去医院；

（2）如果有疼痛和低烧，病人应该回家；

（3）如果没有疼痛，病人就应该回家。

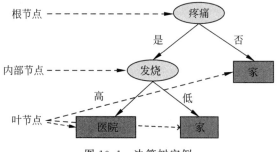

图 10.1　决策树实例

因此，和 RSIA 一样，DTIA 最后也从数据集派生出一组规则，这些规则可用于预测新对象的标签，无论是分类还是数值。不过，DTIA 虽然会为每个可能的预测值组合生成一个规则，但 RSIA 只覆盖其中的一些组合，其他组合通常由默认规则覆盖。

简单的模型可解释性是决策树的一个重要特征。决策树归纳的 ML 算法有多种,第 1 个提出来的是 Hunt 算法,它启发了其他几个 DTIA,其中包括:

(1) 分类与回归树(CART);

(2) 迭代二分法 3(ID3);

(3) C4.5:ID3 的扩展;

(4) 非常快的决策树(VFDT),常用于数据流等增量数据集。

Hunt 决策树归纳算法

---

1)输入当前节点训练集 D_{train};

2)输入不纯度度量 p;

3)输入训练集中的对象数量 n;

4)如果 D_{train} 中的所有对象都属于同一个分类 y

5)   当前节点是一个标记为分类 y 的叶节点;

6)否则

7)   选择一个预测属性分割利用不纯度度量 p 的 D_{train};

8)   根据当前值将 D_{train} 分割为子集;

9)   对每个子集应用 Hunt 算法;

正如上述伪代码所示,Hunt 算法非常简单。这个算法调用自身,在计算中,调用自身的算法被称为递归算法。在算法中,每个对自身的新调用都会扩展树的大小。

递归算法采用"贪心策略"(也称为分治策略)解决问题。这种策略在解决问题时,会将问题分割为更简单、更小的问题,然后给它们施以相同的策略。这种分割一直持续到问题足够简单,不需要进一步分割就可以解决为止,DTIA 通常遵循分治策略。

从根节点开始,Hunt 算法首先检查节点中的所有对象是否具有相同的分类(根据使用的不纯度度量,不纯度值最低)。如果有,这个节点是一个叶节点,用其中一个分类标记,然后算法停止;否则,算法使用测试预测属性(Test Predictive Attribute,TPA)划分节点中的当前对象。TPA 是根据给定的条件从训练数据集中选择的一个预测属性,一个标准可以是将当前对象划分为最相似组的预测属性,当组中的所有对象都属于同一分类时,同质性最强。为此,每个测试结果都与一个分支相关联,该分支起源于当前节点,终止于前一个组(名为子节点)。因此,为节点选择一个 TPA,根据 TPA 与节点相应的预测属性的比较,每个当前对象转到一个分支。接下来,将算法应用于每个子节点。

Hunt 算法将目标逐步划分为不纯度值逐渐降低的组。最简单的情况是,一个节点中的所有对象都属于同一个分类。此时,该节点中的对象不再被分割,节点被标记为其对象的分类。

基于 Hunt 算法和备选方法的 DTIA 有几种,现有 DTIA 的主要区别在于以下几个方面。

(1) 如何为当前树节点选择一个预测属性。

(2) 一旦选择了属性,如何在节点分支之间划分对象。

（3）何时停止对节点应用算法（停止树的生长）。

所选的 TPA 是数据集中最能划分当前节点中对象的属性，理想的划分应该是只保留一个分类对象的所有子节点。为了定义给出最佳划分的预测属性，需要使用不纯度度量。一个节点上的分类越接近，不纯度度量值越低。因此，选择不纯度最低的属性（大多数对象具有相同的分类标签）。分类树中最常见的不纯度度量是 CART 算法中使用的基尼指数，以及 ID3 和 C4.5 算法中使用的信息增益。

对象的划分取决于值的数量和值的预测属性比例。最简单的除法发生在属性有两个值、定义了两个分支且每个值都有一个分支与之关联时。对于具有两个以上数值的预测属性，将考虑范围和数据集域等方面。对于 CART 等一些 DTIA，每个节点只允许两个分支，因此，它们只归纳二叉决策树，其他算法则没有这种限制。

对于停止标准，何时停止划分节点以及停止生长决策树，主要采用的准则如下。

（1）当前节点的对象都具有相同的分类。

（2）当前节点的对象对于输入属性有相同的值，但分类标签不同。

（3）节点中的对象数量小于给定值。

（4）所有预测属性都包含在从根节点到此节点的路径中。

树的每个叶节点都有一个标签，这个标签是通过多数票决定的，也就是这个叶节点中的大多数对象类。对一个新的未标记对象的预测，需要从根开始，并根据预测属性的值遵循分割规则。预测值是对象到达的叶节点的标签。

DTIA 的另一个重要方面是通过平行于每个轴的超平面对输入空间进行划分，其中每个轴与一个预测属性相关联。对于具有两个预测属性的数据集，决策树使用垂直线和水平线划分输入空间。图 10.2 所示为 DTIA 为这个数据集生成的一个可能的决策树结构。

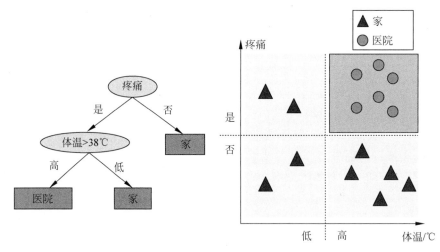

图 10.2 决策树的输入空间分区

如果由算法产生的决策树是深度的,通过从根节点到最远叶节点的路径上的节点数量,则该树可能会表现出过度拟合、过多地关注数据集中的细节而不是主要模式。这个问题可以通过修剪树解决,就像修剪花园里的树木一样。我们砍掉那些不会显著影响决策树预测性能的分支,修剪可以发生在:

(1) 树诱导期间:预修剪;

(2) 树诱导后:修剪后。

使用回归任务和分类任务的预测性能指标,可以对 DTIA 诱导模型的预测性能进行评估。

决策树模型是可解释的,它们可以表示为图 10.3 所示的图形,也可以表示为图 10.4 所示的一组规则。两幅图都显示了所选的预测属性,每个属性都具有将对象分为两组的条件。图 10.3 中给出了每组对象的纯度值以及占对象总数的百分比,图 10.4 还包括了每个分类的对象数量和每个组的纯度值。

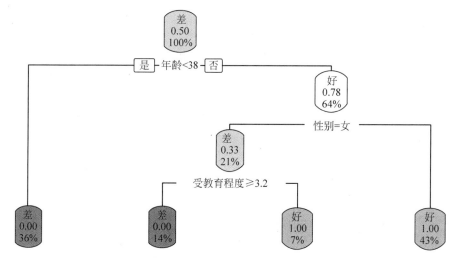

图 10.3　表 8.5 社交数据的 CART 分类树图形表示

```
(node), split, n, loss, vval, (vprob)
• denotes terminal node

1) root 14 7 差 (0.5000000 0.5000000)
    2) 年龄< 37.5 5 0 差 (1.0000000 0.0000000) *
    3) 年龄 >=37.5 9 2 好 (0.2222222 0.7777778)
        6) 性别 =女 3 1 差 (0.6666667 0.3333333)
            12) 受教育程度 >=3.25 2 0 差 (1.0000000 0.0000000) *
            13) 受教育程度 < 3.25 1 0 好 (0.0000000 1.0000000) *
        7) 性别=男 6 0 好 (0.0000000 1.0000000) *
```

图 10.4　表 8.5 社交数据的 CART 分类树规则表示

每个 DTIA 都可以有不同的超参数,需要设置这些超参数的值。在 DTIA 实现中找到的一些超参数可以用于控制树修剪(修剪前和修剪后)。这些超参数中最常见的是叶节点必须拥有的对象的最小数量,如果它的值很低,就会导致过度拟合。

决策树的优缺点如表 10.2 所示。

表 10.2　决策树的优缺点

优　　点	缺　　点
• 既可以解释为图形,也可以解释为一组规则 • 由于对离群值、缺失数据、相关和不相关属性具有鲁棒性,以及不需要前期规范化,因此无需预处理	• 分割节点规则的定义局部评估时,没有足够信息了解规则是否能保证全局最优,也就是树完成后未分类的对象最少,这是因为贪婪算法搜索并得到次优方案 • 由于规则的类型是 $x<a$,其中 x 是预期属性,a 是一个数值,如图 10.2 所示,决策树利用水平线和垂直线分割二维空间,这样会带来一些难以处理的问题

10.1.2　回归决策树

回归树归纳算法与分类树归纳算法有两个主要区别。

(1) 不纯度度量对于回归和分类肯定是不同的。对于回归,最常见的不纯度度量是方差减少,它度量一个节点上的方差与子节点上方差之和之间的差值。分割是由差异最大化这个规则定义的。

(2) 第 2 个区别是叶节点的标记,在分类中使用多数投票,在回归中则使用平均投票。但是,该选项有一个重要的限制,也就是相对较大的输入空间预测的值相同。换句话说,落在给定叶节点中的每个未标记的对象都有相同的预测(见图 10.5)。

下面描述的方法包括模型树和多元自适应回归样条,它们是专门为回归开发的,尽管有些方法使用模型树进行分类。模型树和多元自适应回归样条能够超越使用决策树叶节点平均值的限制。

1. 模型树

如图 10.5 所示,回归树使用测试实例到达的叶节点中实例目标值的平均值作为预测。回归模型树也称为模型树,使用多元线性回归(MLR)而不是平均值。用于计算回归树叶节点平均值的数据也用于拟合模型树中的 MLR。

模型树有一个后修剪步骤,用于验证每个非叶节点的 MLR 精度是否高于子树给出的精度,如果是,则修剪子树。对于图 10.5 中的实例,在根节点使用线性模型 $y=x$,结果是一棵没有树枝的树。

模型树的概念也被应用于使用逻辑回归而不是 MLR 的分类。

2. 多元自适应回归样条

多元自适应回归样条(Multivariate Adaptive Regression Splines,MARS)是介于多元线性回归(MLR)和 DTIA 之间的一种技术。MLR 假设 x 和 y 之间是线性关系,而 CART 假设每个叶节点上的值都是常数,MARS 和在叶节点中有 MLR 的模型树能够更好地调整诱导树以适应对象。图 10.6 所示为对于同一数据集,由 MLR、CART、叶节点中有 MLR 的模型树和 MARS 诱导的回归树。

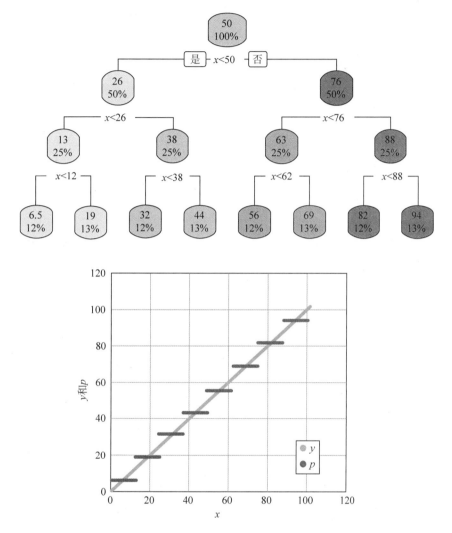

图 10.5　实例 $y=x$,其中 p 为 CART 决断生成的 y 的预测

　　模型树使用位于相同叶节点中的实例调整 MLR,这么一来,相邻两个叶节点的 MLR 可能会不连续,通常也确实会存在不连续。MARS 模型的两个相邻的"延伸"总是有一个共同的点。这点可以在图 10.6 中看到,而在图 10.7 中,这种差异被放大了,因此变得更加明显。

　　MARS 可以对预测属性之间的交互进行建模。两个预测属性之间的相互作用表明,一个预测属性对目标属性的影响和另一个预测属性的不同值是有区别的,这在数学上是通过两个预测属性相乘来表示的。在模型中表示预测属性之间存在交互的可能性增加了模型对数据进行调整的能力,但也增加了模型的复杂度和过度拟合的机会。交互的程度定义了它们之间相乘的属性的数量,存在一个定义了最大程度互动的超参数,它的值越大,模型就越灵活,同时也越复杂。

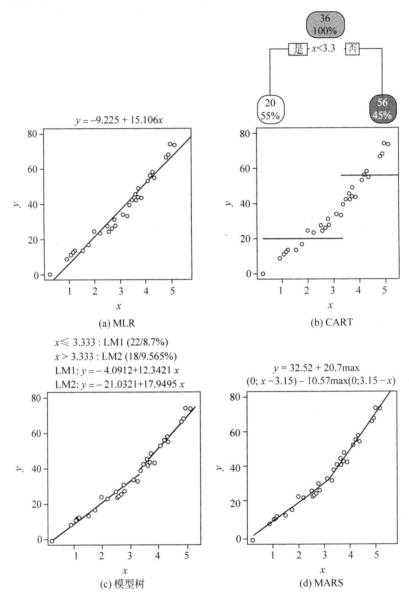

图 10.6　利用 MLR、CART、模型树以及 MARS 解决人工数据集

在 MARS 方法中归纳出的模型有以下形式。

$$\hat{f}(\boldsymbol{X}) = \hat{\beta}_0 + \sum_{i=1}^{k} \hat{\beta}_i B_i(\boldsymbol{X}) \tag{10.1}$$

其中，$\hat{\beta}_i$ 是一个铰链函数，或者是当预测属性之间存在交互时铰链函数的乘积。铰链函数有以下两种形式。

$$\max\{0, x - c\}$$
$$\max\{0, c - x\}$$

其中，x 为预测属性 $\boldsymbol{X}$ 向量的属性；c 为常数。

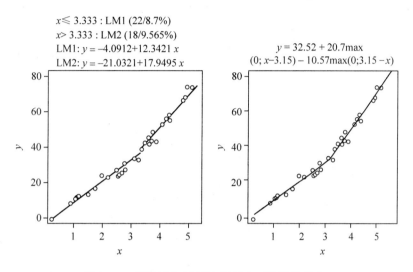

图 10.7　模型树和 MARS 使用人工数据集细节

　　MARS算法有两个步骤：向前一步，在每次迭代中向模型添加一个项；向后一步，通过消除一些项来修剪模型。

　　和 MLR 类似，MARS 模型是可解释的，但通常更复杂。图 10.6 介绍了 MARS 模型的行为示例。

　　MARS 的主要超参数是度，其定义了交互铰链函数的最大数量。该值的默认值通常为1，大于1的整数值可以通过提高序数来测试。

　　MARS 的优缺点如表 10.3 所示。

表 10.3　MARS 的优缺点

优　点	缺　点
• 可解释 • 嵌入属性选择 • 无需前期规范化 • 不如 MLR 对离群值敏感	• 相关属性可能会对得到的模型有影响 • MARS 对离群值处理比 MLR 要好，但仍然会影响模型

10.2　基于优化的算法

本节将描述基于给定函数优化的两种非常流行的学习技术：人工神经网络和支持向量机。

10.2.1　人工神经网络

人工神经网络(Artificial Neural Networks，ANN)是基于神经系统的分布式计算机系统，我们的神经系统根据我们犯的错误学习经验。例如，如果把手放在一个非常热的地方，我们的神经系统会检测到它，我们也会因为我们的错误而感到疼痛，下次我们把手放在热的地方时就会更加小心。人工神经网络试图用一个由人工神经元(也称为处理单元)组成的网络结构从数学上模拟这一思想。

每个人工神经元都有一组输入连接，用来接收输入属性向量或其他神经元的输入值。权重与每个输入连接相关，模拟神经系统中的突触。神经元通过对其输入的加权和应用激活函数定义其输出值。从简单的线性函数到复杂的非线性函数，在神经网络社区中，使用了不同的激活函数。当网络中存在多个神经元层时，这个输出值可以是 ANN 的输出，也可以发送给其他神经元。

网络权值由学习算法定义，学习算法根据目标函数更新权值。该训练对每个神经元的目标函数参数(神经权值)进行优化，以最小化由激活函数产生的神经元输出值与期望输出值之间的预测误差。这就是为什么神经网络学习算法是基于优化的。

至今仍在使用的最古老的人工神经网络是 Frank Rosenblatt 提出的感知器网络。感知器有一个神经元，能够学习二元分类任务。感知器网络使用的激活函数是双极阶跃函数，因为它有两个可能的输出值：当其输入值的加权和高于阈值时为 +1，否则为 -1。因此，这个阶跃函数也称为阈值函数或符号函数，如果最小值是 0 而不是 -1，函数就变成了二元阶跃函数。

感知器网络的权值由感知器学习算法更新，该算法修改权值以减少感知器网络的预测误差，这是一种称为纠错学习的学习模式。当给定输入属性向量的感知器激活函数的输出与期望的、真实的输出值不同时，就会发生错误。

用于训练感知器网络的算法如下所示。在这个训练算法中，训练对象被一个个地呈现给感知器网络，其中 x 为预测属性向量，y 为训练集中该向量的真实输出。所有训练实例的每次出现都被称为一个训练循环。

经过训练后，网络权值可以作为一个分类模型来预测一个测试集中新对象的类别，称为测试阶段。利用该算法导出的预测模型预测测试集里新对象的类别，也可以使用类似的、更简单的算法，下面将进行介绍。

1962 年，Albert Novikoff 证明了感知器收敛定理，该定理指出，如果感知器网络可以学习一个分类任务，那么它的学习算法将为这个任务找到合适的网络权值。要注意的是,预测值和标签输出值必须是定量的,因此需要将数据集预测属性中的定性值转换为定量值。

感知器训练算法

---

1) 输入训练集 D_{train};

2) 输入训练集中对象 x_i;

3) 输入对象 x_i 预测的输出值神经元 y_i;

4) 输入对象 x_i 所需输出值神经元 d_i;

5) 输入训练集中的对象数量 n;

6) 输入对象的预测属性数量 m;

7) 定义初始权值为 0;

8) 重复

9)　　用值 0 初始化误差;

10)　　对于 D_{train} 中的所有对象 x_i, do

11)　　　当神经元收到输入 x_i 时,计算神经元输出 y_i;

12)　　　如果 $y_i \neq d_i$, 则

13)　　　　更新 x_i 的 m 个权值;

14) 直到没有区别(预测误差)

感知器测试算法

---

1) 输入测试集 D_{test};

2) 输入训练集中对象 x_i;

3) 输入对象 x_i 预测的输出值神经元 y_i;

4) 输入训练集中的对象数量 n;

5) 输入对象的预测属性数量 m;

6) 使用具有训练阶段中定义权值的诱导感知器网络;

7) 对于 D_{test} 中所有对象 x_i

8)　　当神经元接收到输入 x_i 时,计算神经元的输出 y_i;

9)　　使用与 y_i 数值关联的分类标记 x_i;

但感知器学习算法仅限于线性可分的分类任务,对于非线性可分问题,需要一个多层网络。不过在提出感知器时,训练这种网络的学习算法是未知的。几年后,不同的研究小组分别提出了一种用于训练多层感知器(Multi-Layer Perceptron,MLP)的学习算法,称为反向传播算法(Backpropagation Algorithm)。在 MLP 网络中,神经元的最后一层称为输出层,其他层称为隐藏层,图 10.8 所示为一个典型的 MLP 网络。

1. 反向传播

反向传播使用梯度下降法更新 MLP 网络权值,梯度下降法确定了权值更新的方向,从而最大程度地减少了 MLP 网络的误差。一个常用的类比是:假设你站在崎岖不平的地形中的一个特殊的位置,这里有山谷和小山,你想移动到地形的最低位置,再假设你的眼睛是

闭着的,如何才能移动到最低点呢? 一个简单而直观的方法是用你的一只脚尝试几个可能的方向,然后向使你移动到附近最低位置的方向移动。

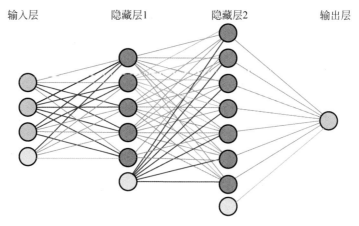

图 10.8　具有两个隐藏层的 MLP 神经网络

必须指出的是,如果一个 MLP 网络在隐藏层的神经元中使用线性激活函数,那么通过矩阵操作可以看出,这个网络相当于几个单层感知器网络。因此,MLP 网络必须在其隐藏层中使用非线性激活函数。利用非线性激活函数,通过反向传播算法训练的 MLP 网络可以解决非线性可分问题。它们使用了激活函数的梯度下降法,因此激活函数需要是连续可微的。梯度下降法的使用提高了学习的速度和效率。如下所示的算法具有反向传播算法伪代码,其中 X 是预测属性向量,T 是一个向量,具有每个训练集中 X 向量输出神经元的真实输出,Y 则是 X 的每个输出神经元产生的 y 值向量。

反向传播算法如下所示。当一个属性向量被呈现给一个 MLP 网络时,第 1 个隐藏层中的每个神经元对它的加权输入值应用一个激活函数,这个函数的值作为下一层神经元的输入,相同的过程一层一层地继续下去,直到输出层。输出层神经元的激活函数值为网络标签属性值。将这些值与真实值进行比较,如果它们非常不同,则更新网络的权重。

当预测值与真实值不同时,更新从输出神经元开始。更新后的权值从最后一层向第 1 个隐藏层反向移动,利用当前层神经元对下一层神经元加权后与下一层神经元的误差,估计每个隐藏层神经元的误差。更新值的数量取决于一个被称为学习率的超参数,且必须大于 0。该数值越大,学习过程越快,但是得到局部最优而不是期望的全局最优的风险就越大。

所学习的分类模型取决于层数和每层的节点数,这些数值越大,可以归纳的模型就越复杂。当通过反向传播训练一个 MLP 网络时,会使用一个或两个隐藏层。MLP 网络第 1 层的每个神经元学习超平面的位置和方向,划分输入空间。在第 2 个隐藏层,每个神经元结合前一层超平面的子集,在输入空间形成一个包括一些训练对象的凸形区域。下一层的节点(通常是输出层)结合这些凸形区域,可以产生任意形状的区域。

如图 10.9 所示,在 MLP 训练过程中,两个预测属性和两个分类的超平面的位置和方向,以及凸形区域和非凸区域的位置和形状不断变化。图 10.10 所示为 MLP 网络的层和节点如何为与前面相同的数据集划分两个预测属性的输入空间。

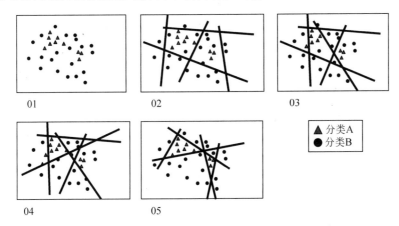

图 10.9　MLP 训练如何影响分离超平面的方向和位置,以及凸和
非凸分离区域的方向和位置

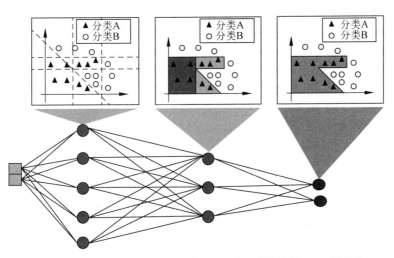

图 10.10　分离超平面的方向和位置,以及经过训练的 MLP 网络的
凸和非凸分离区域的方向和位置

　　MLP 网络的训练是搜索最接近真实的、未知的、生成训练数据集的模型,这种搜索基于网络预测性能的指导。这样,训练会产生一个过度拟合的模型,这个模型过于关注细节,而不是训练数据中的潜在模式。这就导致了复杂的、过度拟合的模型。当发生过度拟合时,模型会记住数据而不是学习数据,因此,它的概括能力较弱。当一个模型正确地分类了训练集里没有的数据时,它就能很好地进行概括。

MLP 网络反向传播训练算法

1）输入训练集 D_{train}；

2）输入真实的输出向量 $\boldsymbol{Y}_{\text{true}}$；

3）输入预测输出向量 $\boldsymbol{Y}_{\text{pred}}$；

4）输入训练集中对象 x_i；

5）输入对象 x_i 预测输出值 y_i；

6）输入对象 x_i 所需输出值 d_i；

7）输入训练集中的对象数量 n；

8）使用 $[-0.5, +0.5]$ 的随机值初始化误差；

9）重复

10）　　初始化 $\text{Error}_{\text{total}} = 0$；

11）　　对于 D_{train} 中所有对象 x_i，do

12）　　　对于所有网络层，从第 1 个隐藏层开始，向前 do

13）　　　　对于当前层中的所有神经元 do

14）　　　　　当接收到输入 x_i 或当前层神经元的输出时，计算神经元输出 y_i；

15）　　　$\text{Error}_{\text{partial}} = \boldsymbol{Y}_{\text{true}} - \boldsymbol{Y}_{\text{pred}}$；

16）　　　$\text{Error}_{\text{total}} = \text{Error}_{\text{total}} + \text{Error}_{\text{partial}}$；

17）　　　对于所有网络层，从输出层开始，向后 do

18）　　　　对于当前层中的所有神经元 do

19）　　　　　如果误差大于 0，则

20）　　　　　　更新权值；

21）直到预测性能可以接受

有一些替代方法可以减少过度拟合，其中一项被称为"早期停止"，它分离了部分训练数据集，以验证在多个时间戳上的预测性能。这个数据子集为验证集，反向传播算法不会将其直接用于 MLP 网络训练，而是不时用于评估网络预测性能。开始时，网络对训练数据和验证数据的预测性能不断提高，当验证数据的预测性能开始下降时，过度拟合开始，训练过程也就停止了。

MLP 网络具有多种训练算法，允许用户选择最适合给定预测任务的算法。由于 MLP 网络对输入空间的划分非常灵活，因此在各种分类任务中都表现出了很高的预测性能。与决策树归纳算法不同（决策树归纳算法只能使用与坐标轴平行的超平面表示的预测属性），MLP 可以生成任意方向的分离超平面。

图 10.11 所示为可以通过反向传播训练的 MLP 网络和针对具有两个预测属性及 3 个分类的数据集的决策树归纳算法创建的分离区域。

和感知器网络类似，经过 MLP 网络的训练，我们得到了一个分类模型，该模型用学习到的权值表示，归纳的分类模型可以很容易地用于从测试集中预测新对象的类别。下面的算法展示了 MLP 网络的测试阶段是如何工作的，测试过程不依赖用于训练 MLP 网络的学习算法。

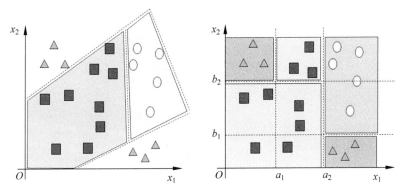

图 10.11   由(左)经过反向传播训练的 MLP 网络和(右)针对
相同数据集的决策树归纳算法创建的分离区域

利用 MLP 神经网络对新目标进行分类的算法

1) 输入训练集 D_{train};

2) 输入训练集中对象 x_i;

3) 输入对象 x_i 预测的输出值神经元 y_i;

4) 输入训练集中的对象数量 n;

5) 输入对象的预测属性数量 m;

6) 使用在训练阶段定义的权值的诱导 MLP 网络;

7) 对于 D_{train} 中所有对象 x_i,do

8)   对于所有网络层,从第 1 个隐藏层开始,向前 do

9)   对于当前层中的所有神经元 do

10)   当接收到输入 x_i 或当前层神经元的输出时,计算神经元输出 y_i;

11)   利用输出层神经元预测的 y_i 关联的类标记 x_i;

其他几个人工神经网络也已经发布,主要用于分类任务,但也有用于聚类、回归和时间序列分析的 ANN 技术。目前人们对针对多层神经网络的学习技术"深度学习"也很感兴趣。

神经网络训练后获得的知识,由与网络连接相关的权值表示。一个学习得到的概念可以用几个权值表示,一个权值可以表示几个习得概念的一部分,这种分布式的知识表示方法使模型的解释非常困难。利用合适的预测性能指标,可以对模型的预测性能进行评估。

ANN 和动量反向传播等训练算法的主要超参数如下。

(1)层数:层数越大,ANN 提取的特征越复杂。

(2)节点数量:节点数量越多,过度拟合的概率越大。

(3)学习率:定义了权值更新的大小,该值必须大于零,且值越大,学习过程越快,但在局部最优处停止的风险也越大。

(4)动量项:使用以前的权重更新改进搜索。

（5）轮数：训练集会出现多少次。

（6）激活函数：根据接收到的输入和神经元权值，定义了神经网络中每个神经元的输出，还定义了结果的范围，不同的激活函数可用于分类和回归任务，包括：

- 线性函数
- 阶跃函数
- S 形函数
- S 形或逻辑函数
- 双曲正切函数

ANN 的优缺点如表 10.4 所示。

表 10.4　ANN 的优缺点

优　　点	缺　　点
• 在许多实际问题中有很好的性能 • 易用于多类和多标记分类任务 • 对神经系统的结构和功能建模 • 对有噪声的情况有鲁棒性	• 模型难以解释 • 训练算法随机，算法多次运行通常会得到多种不同模型 • 训练通常具有较高的计算成本 • 缺少坚实的数学基础

MLP 网络解决的大部分分类任务通常都有 1～2 个隐藏层，一个具有足够数量神经元的单层能以任意精度接近任何多元连续函数。可以很容易地看出，在两个隐藏层中，给定一个有代表性的训练数据集、足够多的神经元以及每层中适当的激活函数，就可以学习任何分类函数。不过与感知器训练算法相比，如果一个函数可以被学习，那么它就可以被学习，但是通过反向传播并不能保证一个可以被两个隐藏层 MLP 网络学习的函数可以被学习。好消息是使用额外的层可以增加学习所需分类函数的机会，假设每个层转换以前的数据形式，大量的层将提供几个转换的组合，允许学习非常复杂的分类函数。

坏消息是，尽管超过两层的神经网络已经研究了多年，但直到最近还没有形成有效的学习算法，也没有必要的计算资源训练它们。在现有的资源条件下，MLP 训练算法与反向传播算法一样，对多层的神经网络表现不佳。主要原因在于反向传播利用节点的预测误差更新每个节点的权值，输出层神经元的预测误差容易计算，因为有预测值和期望值。对于向后隐藏的最后一层神经元，期望值则是未知的，因此可以通过它所连接的下一层神经元的误差进行估计。因此，当反向传播的权值从输出层到前一层执行更新时，关于当前对象的分类错误的信息会越来越差。

2. 深度网络和深度学习算法

利用当前的计算资源，如引入图形处理单元（Graphics Processing Unit，GPU）以及访问非常大的训练集，这种恶化问题就变得不那么严重了。深度学习（Deep Learning，DL）算法能够用至少两个称为深度网络的隐藏层训练 MLP 网络，这种算法已经得到了广泛的应用。具有少量隐藏层（通常只有一个）的 MLP 网络称为浅 MLP 网络。下面将简要介绍一些主要的深度 MLP 网络体系结构和 DL 算法。

近年来,深度网络已经在多个应用中取得了非常好的效果,引起了研究机构和企业的浓厚兴趣。根据数据分析文献报道的实验结果,DL 算法训练的深度网络所展现出来的预测性,已经在许多应用领域超过了其他 ML 算法,其中包括:

(1) 图像识别;

(2) 自然语言处理;

(3) 语音识别;

(4) 游戏;

(5) 药物设计。

需要指出的是,深度网络的使用和 DL 算法的训练并不是什么新鲜事,它们最初是在几十年前提出并应用于实际问题的。例如,在 20 世纪 70 年代末,Neocognitron 成功地将多层神经元层模拟虚拟皮层的递阶神经网络应用于手写字符识别问题。

在许多预测任务中,使用学习算法之前需要从原始数据中提取特征。作为预测属性使用的这些特性应该表示与预测任务相关的数据方面,同时忽略不相关的方面。由人类专家提取这些特征通常需要相关领域知识和工程技能,并带来比较高的成本。

深度学习成功的主要原因之一在于将网络划分为两个阶段,第 1 阶段包括第 1 层,通常是预先训练好的,通常采用非监督的方式;而第 2 阶段的层的后续训练通常是监督式的。

第 1 阶段的层通过训练从原始数据集中提取相关特征。带预处理的深度学习的主要贡献之一是通过通用学习算法自动提取相关特征,因此,预训练被频繁地用在复杂的分类任务中提取特征,在这种情况下,由领域专家提取的特征不一定会带来支持归纳有效分类模型的特征。

第 1 个网络层从原始数据中提取简单的特征,后续层使用前一层提取的特征提取更复杂的特征。因此,从第 1 层到最后一层,训练过程创建了越来越复杂的数据表示层。可以将每个表示层视为执行简单非线性处理的模块或层,每个模块转换前一个模块提取的内容。

当前深度学习技术的流行导致了几种不同架构和学习算法的出现,深度学习的一个简单方法是使用反向传播训练多层的 MLP 网络,直到最近,在使用反向传播算法进行 MLP 实验的训练中,最常用的激活函数是 S 形或双曲正切函数。

为了提高多层模型的学习性能,提出了一种新的激活函数,也就是修正线性单元(ReLU)激活函数。当 ReLU 函数应用于一个值时,如果该值为负,则返回 0,否则返回值本身。

ReLU 函数的使用使网络权值的更新更快:对于 ReLU 函数,梯度下降法用于权值的更新,其计算速度比其他常用的非线性激活函数要快。因此,ReLU 加速了学习,这对于多层的 MLP 网络尤其受欢迎。ReLU 有很强的生物学动机,并且在数学上更简单。

卷积神经网络(Convolutional Neural Network,CNN)是最受欢迎的预训练深度学习技术之一,也被称为 ConvNets,其使用无监督学习从原始数据中提取特征(预测属性)。第 1

个网络层从原始数据中提取简单的特征。后续层利用前一层提取的特征提取更复杂的特征。因此,预训练可以提高表示层的复杂度。每个表示层可以看作执行简单非线性处理的模块或层,每个模块转换前一个模块提取的内容。

近年来深度学习算法的名声很大程度上是由于 CNN 在图像识别中的出色表现。CNN 模拟大脑处理图像的方式,首先提取非常简单的特征,如线和曲线,然后逐步提取越来越复杂的特征。CNN 将不同类型的层分成两个处理阶段。第 1 阶段有两层:一个卷积层,它使用过滤器从输入中提取特征图,然后是池化层,其只保留特征图中最相关的信息,结果就是输入数据表示形式变得越来越抽象。随着更多模块的使用,会发现更复杂的表现形式。第 2 阶段通常是传统的 MLP 网络及其激活层,第 1 阶段提取的特征可以作为有监督学习的预测属性。

在相关文献中可以找到其他几种深度学习技术,包括:

(1) 自动解码器网络;

(2) 深度信念网络;

(3) 受限玻尔兹曼机。

除了在其他 ANN 中发现的负面因素外,深度学习技术还需要大量的训练对象,因为从训练数据集里提取相关特征需要对象的许多不同变体。

如图 10.8 所示,就像深度学习所使用的架构一样,ANN 学习的模型所提供的信息就是学习的权重值。这个信息很难解释,可以使用适当的性能度量评估预测值。

深度网络和深度学习算法的超参数,与用于定义 MLP 网络体系结构以及反向传播等学习算法如何工作的超参数非常类似。根据所使用的深度网络,还可以选择其他超参数。对于 CNN,可以调整以下超参数:

(1) CNN(卷积和池化)层的数量;

(2) 全连接层的数量;

(3) 全连接层中的神经元数量;

(4) 卷积层中的过滤器大小;

(5) 池化层中的最大池大小;

(6) 训练算法;

(7) 学习率:定义了权重更新的大小,该值必须大于零,且该值越大,学习过程越快,但在局部最优处停止的风险也越高;

(8) 动量项,使用以前的权重更新来改进搜索;

(9) 迭代次数的大小:训练集会出现多少次;

(10) 激活函数,定义了神经网络中每个神经元的输出,对于输出层,则是神经网络的输出,它还定义了结果的范围。不同的激活函数可用于分类和回归任务,包括:

- 线性函数
- 阶跃函数
- S 形函数

- S形或逻辑函数
- 双曲正切函数
- 修正的线性函数

深度学习的优缺点如表 10.5 所示。

表 10.5　深度学习的优缺点

优　点	缺　点
• 表现出 ANN 的大部分积极方面 • 深度神经网络在许多实际问题中都表现出了很好的性能，且超过了一些先进的 ML 算法 • 对有噪声的情况有鲁棒性 • 能够从原始数据中提取相关特性 • 和神经系统中发现的许多特性类似	• 表现出了 ANN 的大部分缺点 • 深度学习需要大量训练实例 • 缺乏坚实的数学基础

MLP 网络，不管浅层还是深度，都有两个缺点。首先是需要选择良好的超参数值，通常，这些值的选择是通过试错或使用优化元启发式进行的，这两种方法都很耗时；第 2 个缺点是对所归纳的模型的解释能力差。

10.2.2　支持向量机

人工神经网络学习算法的两个不足之处（每次运行生成不同的模型以及缺乏数学基础）被支持向量机（Support Vector Machine，SVM）解决了。基于统计学习理论的支持向量机具有很强的数学基础。

支持向量机最初是为回归和二元分类任务设计的，将支持向量机学习算法应用于二元分类任务时，寻找预测精度高、模型复杂度低的分类模型。为此，选择不同分类的训练对象作为支持向量，这些向量定义了一个能够最大化边界和两个分类对象之间的分离边界的决策边界。因此，它们也称为"大边界分类器"。边界最大化减少了可能的模型数量，提高了模型的概括能力，从而导致过度拟合的发生。图 10.12 展示了 SVM 选择的支持向量定义的分离边界。

感知器 ANN 是另一个著名的二元分类器，它并不关心决策边界的位置和方向，只要边界能将两个类的对象分开。

图 10.13 所示为感知器和 SVM 学习算法在相同训练数据集上发现的决策边界。

为了增加分离边界的大小，可以允许一些对象位于分离边界内。图 10.14 显示了如何通过允许一些对象进入 SVM 的范围来增加它的边界，这些对象称为"松弛变量"。

与感知器网络一样，SVM 在最初的设计中，只能处理线性可分的任务。不过 SVM 可以利用内核函数将非线性可分数据从原始空间转化为高维空间，并在高维空间中变为线性可分。图 10.15 介绍了这种转换是如何发生的。

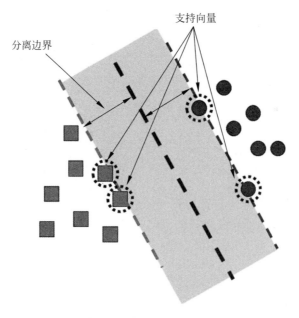

图 10.12　通过将一些对象放到分离边界内增加分离边界

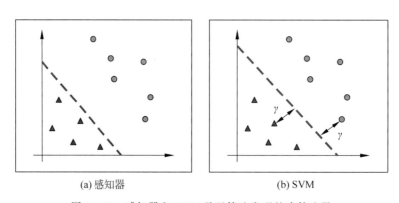

(a) 感知器　　　　　　　　　　(b) SVM

图 10.13　感知器和 SVM 学习算法发现的决策边界

如前所述,SVM 也仅限于二元分类任务。然而,正如将在第 11 章中所看到的,已经有了一些策略允许 SVM 应用于多元分类任务。

分类问题和回归 SVM 问题的主要区别在于误差函数的定义,因此,优化问题被表述为线性编程问题。在分类和回归问题中,都使用了软边界误差函数,不过这些函数在回归和分类公式中有不同的定义。

在这两个问题中,ζ 为松弛实例到软边界的距离。如图 10.14 所示,对于分类,优化问题是分离边界的最大化;但对于回归,优化问题是 ε 边界的最小化(见图 10.16)。

学习模型的信息由支持向量组成:定义软边界的对象。这样的信息很难解释,预测值可以通过适当的预测性能度量来评估。

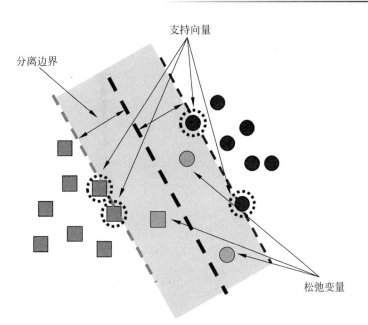

图 10.14　在分离边界内放入一些对象后分离边界变大

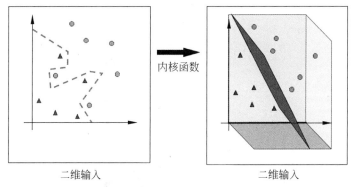

二维输入　　　　　　　　　　　　　　二维输入

图 10.15　将二维空间中的非线性分离分类任务转换为三维空间中的
分离分类任务的内核函数使用实例

SVM 的主要超参数如下。

（1）C：分类设置违反约束的成本，它的值越大，边界就越复杂，通常会有更多的支持向量，C 值过大会导致过拟合。

（2）v：类似于超参数 C，但范围为 0～1。出于这个原因，v 比 C 值更容易设置，有些 SVM 设计利用 v 超参代替 C。

（3）ε：控制对 ε 不敏感的回归设置区域宽度（见图 10.16），其数值会影响支持向量的个数，一般来说，ε 越大，产生模型的支持向量越少，得到的估计也就越一般。

（4）内核：内核应该与自己的超参数一起选择。一些最常用的内核和它们各自的超参数包括：

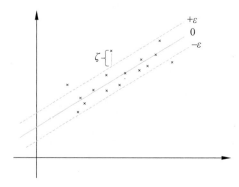

图 10.16　回归问题中的软边界以及如何计算 ζ

- 线性：定义一个线性边界，没有特定的超参数；
- 径向基函数，又称为高斯核函数：高斯（正态）分布的概率分布函数（见 2.2.4 节）。其具有超参数 γ。

SVM 的优缺点如表 10.6 所示。

表 10.6　SVM 的优缺点

优　　点	缺　　点
• SVM 模型具有很强的理论基础 • SVM 模型在许多问题中都展现除了很好的预测性能	• 对超参数非常敏感 • 计算成本取决于模型支持向量的个数，在一些问题中可能会很高 • 最初的技术只能处理二元分类任务

10.3　本章小结

尽管 DTIA、ANN 和 SVM 越来越成功，人们对深度学习的兴趣也越来越浓厚，但是这些方法仍有几个方面需要改进。

当前的大多数应用假设所有相关数据都可用，但这通常是不正确的，因为在几乎所有的应用中，新的数据都是在数据流中不断生成的，数据流挖掘对当前的技术提出了几个挑战。数据流挖掘的学习算法需要具备快速学习的能力，每个训练实例只看一次就能学会，并根据类概况（概念飘移检测）中发生的变化以及新类的出现（新颖性检测）自动调整模型。因此，预测模型也必须能够忘记过时的知识。

此外，仅靠学习技术归纳具有良好预测性能的预测模型是不够的，在许多应用中，必须能够解释由归纳模型学到的知识。大量可用的技术使为新任务选择最合适的技术本身就是一个预测问题，此外，特别是在可能导致人类伤害的应用中，必须能够从数学上证明这些模型是可靠的。对于许多常见的学习技术，缺乏一致的数学基础，阻碍了鲁棒性的评估。

10.4 练习

(1) 如何将决策树转换成一组分类规则？

(2) 提出一种新的准则，分割到达决策树内部节点的训练对象。

(3) 给出用决策树归纳算法代替 MLP 神经网络的两个优点和两个缺点。

(4) DTIA 如何找到一个与感知器网络相似的决策边界？

(5) 是否可以用感知器学习算法训练 MLP 神经网络？如果可以，如何做到？如果不可以，为什么？

(6) 所有的激活函数都是线性的 MLP 网络的想法有意义吗？为什么？

(7) 什么是梯度下降法？它为什么会用于反向传播算法？

(8) 随着层数的增加，MLP 网络中神经元的分类误差估计会发生什么变化？

(9) 深度学习技术的第一层扮演什么角色？

(10) 给定表 9.4 中的社交网络数据集，使用前 10 个对象作为训练集，最后 10 个对象作为测试子集，执行以下活动。

① 使用具有超参数默认值的 C4.5(或 J48)学习算法，预测测试子集对象的类标签。

② 使用经过反向传播训练的 MLP 进行相同的实验，改变隐藏层的数量和每个隐藏层的神经元数量；对于其他超参数，使用默认值。

③ 使用至少 3 个不同核函数的 SVM 重复实验，对于其他超参数，使用默认值。

④ 比较 3 组实验的结果。

第 11 章

高级预测话题

现在是时候讨论一下预测分析中更高级的主题了,这里选择的内容在许多实际问题中还是很有用的。

11.1　集成学习

假设你需要选择一个餐厅与朋友聚会,可以根据以前在当地餐厅的经验选择餐厅。因此,你的决定将在很大程度上受到你所拥有的特殊经历的影响。但是假如不是依靠自己的经验,而是向一些朋友征求意见,可以投票决定,选择你和朋友中推荐人数最多的餐厅。在考虑不同人之前的经历后,可以增加做出正确决定的概率。集成方法也采用相同的思路。

如第 9 章所述,可以基于这些技术对部分数据集产生的分类模型的预测性能,选择一种分类技术应用于数据集。对一个数据集应用不同的分类技术甚至相同的技术时,通常会产生多个分类模型。为什么不使用一个分类模型,而是结合多个分类模型的类预测呢?

一些研究指出,将多个分类器的预测结果组合在一起可以提高分类任务的预测性能。组合预测的单个分类器在这里称为基础分类器,每个基础分类器都可以使用相同的、原始的训练集或原始训练集的一部分进行诱导。

当使用相同的技术诱导基础分类模型时,集成可以是同构的;而当使用不同的技术时,也可以是异构的。

在开发具有良好预测性能的集成系统时,基础分类器的预测性能和预测多样性是两个重要的要求。多样性要求意味着基础分类器必须是独立的,在输入空间的不同、互补的区域中出现错误是很正常的。预测性能意味着基础分类器的预测性能必须优于多数分类器。

在一个集合中可以有 3 种不同的方法诱导基础分类器:

(1) 并行;

(2) 顺序;

(3) 层次。

第 1 种方法,也就是如图 11.1 所示的并行组合是最常见的。在这种方法中,每个基础分类器都使用原始训练集中的对象进行诱导。每个分类器可以使用训练集的一个样本或整个训练集诱导,但只使用预测属性的一个子集。该方法试图探索基础分类器预测的相似性和差异性。

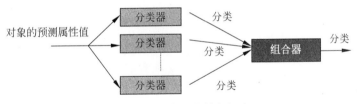

图 11.1 分类器的并行组合

在顺序或串行方法中,基础分类器在诱导时,使用以前以某种方式诱导的基础分类器的信息,如将以前诱导的基础分类器的预测与预测属性值相结合。如图 11.2 所示,此方法可用于分级和/或多标签分类任务。这种方法的另一个可能的用途是,当第 1 个分类器选择类子集的简单技术时,会把从该子集中选择单个类的任务留给后续分类器。

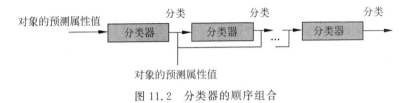

图 11.2 分类器的顺序组合

最后,可以组合使用并行和顺序方法,如图 11.3 所示。

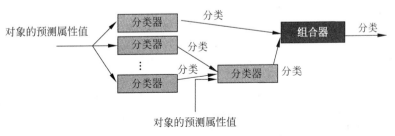

图 11.3 并行和顺序两种方式组合

将每个基础分类器预测的类组合得到集成预测的类,基础分类器预测的类的组合通常是通过投票、加权投票或叠加方法得到的。

在投票组合中,由最多分类器预测的类就是由集合预测的类。在加权投票组合中,每个分类器的投票与一个权值相关联,表示一个基础分类器所做的预测在集成预测类中需要考虑的程度。叠加之后,分类技术产生一个分类器,利用基础分类器的类预测作为预测属性。

用于分类的 3 种最常见的集成方法包括:

(1) Bagging:一种并行方法;

(2) 随机森林:也是一种并行方法;

(3) AdaBoost:顺序方法。

11.1.1 Bagging

在 Bagging 中,每个基础分类器都使用训练集的一个样本进行归纳。使用引导方法定义的样本与训练集中的对象数量相同,Bagging 适用于不稳定的分类技术,即预测性能受训练集组成变化影响的技术。决策树和人工神经网络是不稳定的预测技术,当训练集有噪声时,Bagging 对过度拟合具有鲁棒性。生成模型的数量是 Bagging 技术的超参数。诱导模型的数量越多,预测的方差越低,增加基本模型的数量显然也会加大计算成本。

Bagging 也可以用于回归,通过对模型的预测结果进行平均,就得到了集成预测。

Bagging 的主要结果是预测结果和生成的基本模型。

Bagging 有两个主要的超参数:要生成的基本模型的数量,以及生成这些模型的学习器。一些 Bagging 方法使用决策树作为基本学习器,而另一些方法则允许用户选择想要的基本学习器。由于决策树和人工神经网络的不稳定性,它们是最常见的基础类学习器。生成的模型越多越好:一般认为 100 个模型就是一个不错的选择。

Bagging 的优缺点如表 11.1 所示。

表 11.1　Bagging 的优缺点

优　　点	缺　　点
• 由于基础学习器是不稳定的预测器,因此一般会提高预测性能 • 几乎无需超参数,这是因为要产生的树的个数不需要调节,而且最常用的基础学习器决策树是不需要超参数的	• 由于 Bootstrap 采样,Bagging 具有随机性,但是通过选取适当数量的生成模型,结果的误差降到了最低 • 比单模型计算成本要高,但可以并行

11.1.2　随机森林

顾名思义,随机森林是为了合并多个决策树而创建的,与 Bagging 一样,每个决策树都是用不同的引导样本创建的。不过与 Bagging 不同的是,在树的每个节点上,并不是从所有预测属性中选择分割规则,而是使用在每个节点上随机选择的预定义数量的属性。图 11.4 所示为一个随机森林的例子。

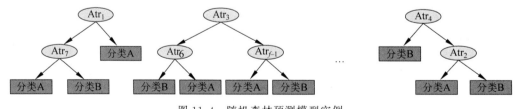

图 11.4　随机森林预测模型实例

当数据集中的预测属性数量很大时,随机森林是一个很好的选择。它们通常具有良好的预测性能以及一定程度的可解释性,但它们可能会有很高的计算成本。

随机森林使用决策树作为基础学习器,与 Bagging 一样,它们也可以用于分类或回归。随着生成树数量的增长,结果的可变性将降低。

随机森林的主要结果是有关预测属性重要性的预测和一些统计量。

随机森林的两个主要超参数是要生成的基础模型数量以及在每个节点随机选择的属性数量。推荐的树数量是 1000,但为了获得更可靠的属性重要性统计,建议使用 5000 棵树。在每个分裂节点上选择的属性数量是要调整的主要超参数,其最优值取决于实际问题,根据经验,可以使用预测属性数量的平方根。

随机森林的优缺点如表 11.2 所示。

表 11.2　随机森林的优缺点

优　　点	缺　　点
• 对于许多问题都有很好的预测性能 • 易于定义/调节超参数	• 由于推荐树的数量大,计算成本很高,但和 Bagging 类似,可以并行 • 具有随机性,但利用推荐数量的树可以降至最低

11.1.3　AdaBoost

AdaBoost 是最具代表性的增强方法之一。对于 AdaBoost,在每次训练迭代中,使用训练集诱导基础分类器,并根据基础分类器对其真实类的预测程度对训练集里的每个对象进行加权,因此对象的类越难预测,对象相关的权重越大。一个对象的权值定义了它被选中训练下一个基础分类器的概率,Bagging 和随机森林方法是并行集成方法,而 AdaBoost 是顺序集成方法。

AdaBoost 适用于基础分类器较弱的情况,也就是当它们的预测性能只比随机预测好一点时。

AdaBoost 是一种分类技术,有些研究已经将其用于回归,其中最流行的一种是可用于分类和回归的梯度提升。XGBoost 是极端梯度提升(Extreme Gradient Boosting)的首字母缩写,它具有强大的统计基础,尽管这不是什么新技术(于 2000 年提出),但它是数据挖掘和机器学习中最流行的技术之一。

AdaBoost 的主要结果是它的预测。

AdaBoost 的主要超参数是要生成的迭代次数。

AdaBoost 的优缺点如表 11.3 所示。

表 11.3　AdaBoost 的优缺点

优　　点	缺　　点
• 对于一些问题有很好的预测性能 • 易于定义/调节超参数	• 由于生成模型的数量取决于迭代次数,因此计算成本很高,而且由于是顺序算法,所以无法并行化 • 解释困难

11.2　算法的偏差

为了能够学习,ML 算法需要预先做出假设,这些假设称为"偏差"。这种偏差的存在,使学习算法会优先考虑一组特定的假设。与 ML 算法相关的主要偏差为搜索偏差和表示偏差。

搜索偏差也称为偏好偏差,定义了在假设空间中搜索可能的假设顺序。例如,搜索可以选择更小、更简单的假设,而不是更复杂的假设。

表示偏差定义了假设的表示方式,限制了可以在搜索空间中找到的假设,如假设空间只能有线性函数。图 11.5 展示了 3 种不同分类算法可能的假设空间。

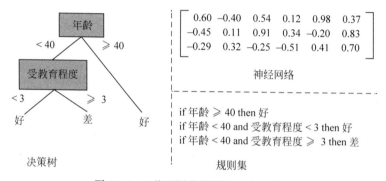

图 11.5　3 种不同分类算法的表示偏差

根据所使用的表示偏差,相同的分类算法或其他分类算法可以归纳出其他几个有效的分类模型。图 11.6 给出了一个分类树,这种模型与用于诱导线性分类器的算法有不同的表示偏差(见图 9.5)。

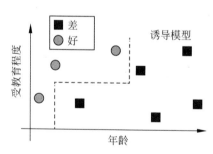

图 11.6　决策树算法基于具有两个预测
属性数据集诱导的分类模型

分类算法的预测性能主要受数据集里预测属性的影响,每个预测属性描述一个数据集的特定特征。通常,一个数据集的预测属性越多,对其主要方面的描述就越好,但这点并不一定正确。对于实际的数据集,通常存在不相关、不一致和冗余的属性,它们都会降低分类算法的性能。此外,当预测属性数量与目标数量之比较高时,分类算法的预测性能会下降。这个问题被称为维数诅咒。

11.3　非二元分类任务

到目前为止,我们只提供了两个类的分类任务,但并不是所有的分类任务都是二元的,不仅类的数量不同,而且它们之间的关系也可能不同。这些"非二元"分类任务包括单类分类、多类分类、排序分类、多标签分类以及层次分类。下面将介绍这些分类任务。

11.3.1　单类分类

一些分类任务的主要目标是识别特定类中的对象,通常称为"正常"类,这些任务称为单类或一元分类任务。在训练阶段,只使用其中一个类的对象归纳分类模型。在测试阶段,不属于正常类的对象应该被模型标记为"不正常"或离群值。

图 11.7 所示为一个单类分类任务实例。在本例中,来自病人数据的训练集实例仅属于一个类。

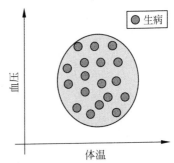

图 11.7　单类分类任务实例

为了处理单类分类,一些分类算法已经被开发出来或进行了修改。当从阴性类中获得的实例很少,或者获取阴性实例比较困难或成本较高时,就会使用它们。由于仅使用一个类中的实例归纳模型,该模型稍后将用于对多个类中的实例进行分类,且会降低预测的准确性,这也是一个副作用。

单类分类任务的例子如下。

(1)计算机网络入侵检测,其中正常类是安全操作。

(2)入侵物种检测,其中正常类是在特定地区存在的物种。

(3)信用卡交易欺诈检测,其中正常类是合法的信用卡交易。

11.3.2　多类分类

与类的数量相对的另一端是多类分类任务,即对象所属的类数量大于 2。多类分类任务的一个实例如图 11.8 所示,在这个图中,学习算法在训练中接受了 3 个类。

一些最常用的分类算法仅限于二元分类,如 SVM。由于一些二元分类算法具有很高的预测精度,如果它们也能用于多类任务,那就更好了。可以有两个选择,一是修改算法的内部过程,使其能够处理多类分类;另一个更常用的方法是使用分解策略。

分解策略将原始的多类分类任务分解为多个二元分类任务,可以使用任何二元分类算法,然后将二元分类输出组合起来,得到一个多类分类。两种主要的分解策略是一对一和一对所有。

在一对一策略中,原始的多类任务被分解成所有可能的类对,每对都成为两个类之间的二元分类任务。对于一对所有策略,则为每个类创建一个二元分类任务,该任务将是其中一个类,另一个类将包含所有其他类的对象。

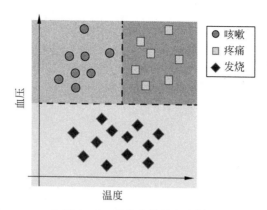

图 11.8　多类分类任务实例

多类分类可以包含的任务如下。

(1) 手稿编号和字母分类,每个编号和每个字母是一个类。

(2) 人脸识别,每个人都是一个类。

(3) 疾病诊断,每个疾病是一个类。

11.3.3　排序分类

在多类分类中,最终的输出是一组可能的类中的一个。多类分类有一个名为排序分类的特殊情况,其输出是现有类的一个排序,或这些类的一个子集。

在排序分类任务中,根据分类的相关性对类进行排序。因此,它们的排序为:顶级类是分类器最能确定要分配给未标记对象的类。分类的确定性随着类排名的下降而下降。

图 11.9 所示为一个排序分类的实例,使用了与图 11.8 多类分类实例相同的 3 个类。分类算法此时不再使用这 3 个类,而是将每个训练对象分配给这些类的一个排序。当要对一个新的未标记的对象进行分类时,通过归纳分类模型对这些类进行排序。

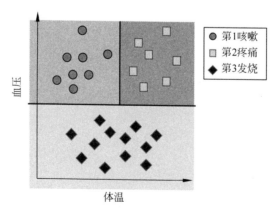

图 11.9　排序分类任务实例

排序分类经常用于推荐系统、信息恢复和搜索引擎等应用,这些任务的预测性能是通过真实排名和预测排名之间的排名比较来衡量的。

11.3.4　多标签分类

多类分类任务专门将单个类标签关联到每个对象,因此这些任务称为单标签任务。多类分类任务的另一个特殊情况是多标签分类,其中每个对象可以同时属于多个类。

传统的分类算法无法处理多标签分类,所以必须转换数据集,所采用的方法主要有两种。在第1种方法中,将原多标签分类任务分解为单标签分类任务,这种转换既可以独立于所使用的分类算法,也可以依赖分类算法。在第2种方法中,需要修改单标签分类器的内部过程或设计新的算法。第2种方法通过创建一个新标签表示这组标签,从而将多标签对象中的标签集转换为单个标签。

图11.10所示为多标签分类的一个实例,它使用与前面例子相同的类。需要注意的是,在这个分类任务中,其中一个对象有3个类标签,有些对象则有两个类标签。

多标签分类任务的实例包括报纸文章分类、场景分类、音乐类型分类、蛋白质功能分类和网站分类。

多标签分类与排序分类有关,因为这两种技术都可以为一个对象分配多个标签。在排序分类中,两个或多个对象可以具有相同的排序位置。不同之处在于,将标签分配给一个对象进行排序分类的顺序,以及在多标签分类中分配给每个对象的标签属性数。

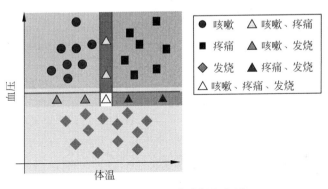

图11.10　多标签分类任务实例

11.3.5　层次分类

绝大多数分类任务都是平面分类任务,其中每个样本都与一个属于有限类集的类相关联,但没有层次关系。不过对于一些分类任务(称为层次分类任务),可以将这些类构造成一个包含子类和超类的分级结构。

在这些任务中,每个未标记的对象可以被分到与任何节点相关联的类中(对任何节点进行预测),也可以被分到层次结构的某个叶节点中(强制叶节点预测)。

图 11.11 给出了一个层次分类任务的实例,在这个例子中,类从最通用的(在树根处)到最特殊的(在叶子处)。在训练过程中,与每个对象相关联的标签是类层次结构中的特定节点(类)。

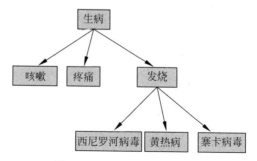

图 11.11　层次分类任务实例

在层次分类任务中,学习算法根据类之间的层次关系,推导出一个模型,该模型捕捉训练数据集类之间最相关的关系。

在这些任务中,每个未标记的对象可以被分到与某个节点相关联的类中(对任何节点进行预测),也可以被分到层次结构的某个叶节点中(强制叶节点预测)。与未标记对象关联的类越接近树根,分类错误率就越低。另外,由于得到的分类不太具体,因此也没那么有用。

层次分类模型的归纳策略有几种,可以将它们分为以下 4 种主要方法。

(1) 转化为一个平面分类问题。

(2) 使用平面排序算法进行层次预测。

(3) 排名自上而下。

(4) 一次性分类或"大爆炸"。

自上向下策略从根节点到叶节点分阶段执行分类。一次性策略为整个层次结构生成唯一的分类器,这就增加了模型的复杂性。需要注意的是,许多分级分类任务也是多标签分类。

在分级分类应用中,可能会看到蛋白质功能预测、歌曲风格分类、文本分类、网页分类和图像分类。

11.4　高级预测数据准备技术

在许多问题中,用于创建和测试预测模型的数据,无法给出良好的预测模型,最常见的不良特征有:

(1) 数据不平衡,目标属性的可能值表现得不均衡;

(2) 目标标签不完整,此时有未标记的对象。

下面介绍这些问题的解决方法。

11.4.1　数据分类不均衡

在分类任务中经常遇到的一个问题是数据不均衡,分类任务中使用的数据集在每个分类中通常有不同数量的对象,如果数量相似,且每个分类中的数据都能很好地表示分类中可能的数据分布,那么就没有问题。但是,如果至少一个分类比另一个分类有更多的实例,则所导出的模型倾向于使用更多的实例支持该分类。在一个二元分类任务中,如果一个分类有大量的实例,且这些实例数量比另一个分类大得多,那么这个分类就称为多数类。

人们提出了几种处理分类不均衡的方法,其中的大多数都局限于二元分类任务,所以这里讨论的就是这些策略,但它们很容易适应其他分类任务。如图9.4所示,表9.3是一个不平衡的二元分类数据集,处理这种情况最常见的两种策略是欠采样和过采样。

欠采样策略减少了多数类中的对象数量,以便近似地估计这两个类中的对象数量。这种策略的不足之处在于可能会丢失多数重要目标。

通过复制少数类的某些对象或从现有对象创建新对象,过采样策略增加了少数类中的对象数量。利用第2种方法,创建在实际问题中永远找不到的对象成为了可能。

合成少数过采样技术(Synthetic Minority Oversampling Technique,SMOTE)使用了这种方法,它会选择和每个少数对象相关的 k 个邻居,然后,对于确定的百分比 p 的过采样,选择了 $p/100$ 左右的 k 个近邻。通过在少数类考虑的对象的属性值与其邻居的属性值之间随机选择一个值,综合生成一个对象。

不均衡的数据通常与分类任务相关,不过回归问题也有处理不均衡数据的方法。

11.4.2　不完全目标标记

当我们的数据集中有未标记的对象时,可以使用以下两种方法。

(1) 半监督学习,在学习过程中既可以使用标记对象,也可以使用未标记对象的学习模式。

(2) 主动学习,一种选择未标记对象的技术,如果手工标记,这些对象在学习过程中会更有用。

下面介绍这两种方法。

1. 半监督学习

为了将分类技术应用于数据集,训练集中的每个对象都必须使用其中一个分类任务类进行标记,在许多情况下,类标记是由人执行的。因此,将类标签分配给训练集对象在花费和时间上都有很高的成本。成本可能非常高,标记一个大型训练集的可行性不大。

例如,考虑基于个人信用评分的信用风险分析的数据标记。类标签是"能够支付"和"不能支付"。一个人的个人信用评分是由他的财务历史和当前的个人数据定义的。我们需要一名信用分析师标记每个训练对象,应该归类为能够支付或不能支付,这些数据对分类模型的预测性能有很大的影响。另外,获取未标记数据通常是廉价的。

另一种降低标记成本的方法是使用半监督学习,这是一个介于非监督学习和监督学习之间的学习过程。半监督学习技术可以应用于部分标记的数据集,也就是只有部分标记对象的数据集。在预测任务中,半监督学习通常将转换学习与归纳学习相结合,转换学习过程预测与未标记训练对象相关联的类标签。如前所述,归纳学习过程使用标记训练集诱导能够预测新对象类的预测模型。半监督学习试图通过未标记训练数据中的信息提高归纳学习的质量,特别是当数据标记的代价很高时,从而生成一个小的标记训练集。

为了了解半监督学习是如何工作的,下面考虑一个简单的例子,假设有一个包括 200 个对象的训练数据集,其中只有 30 个对象有类标签。在半监督学习中,我们从转换学习开始,使用这 30 个标记对象归纳一个分类模型。接下来,将这个分类器应用于 170 个未标记的训练对象,以预测它们的类标签。在这个过程中,我们还测量了对 170 个类标签预测的信心程度,对标签预测最有信心的 30 个对象被合并到带标签的训练集中,并为它们预测类标签,但其他训练对象仍然没有标记。现在,我们就有了 60 个标记的训练集和 140 个未标记的训练集。再次执行转换学习,现在使用更大的标记训练集,来预测 140 个未标记的训练对象的类标记,这个过程一直持续到所有的训练对象都有一个类标签。在最后一轮中,为最后 20 个未标记的对象分配预测的类。一旦所有的训练集对象都被标记,归纳学习就被应用到训练数据中,从而产生一个预测模型。

当被标记的对象只有一小部分时,半监督学习也可以用于描述性学习。例如,在聚类中,可以使用标记的对象定义应该在同一聚类中的对象和不应该在同一聚类中的对象,从而提高聚类的质量。

2. 主动学习

分类模型的预测性能受到数据标记过程质量的很大影响。通过选择最有希望的标记对象,可以降低数据标记的成本,如主动学习策略。

主动学习研究对象标记的低成本策略,主动学习技术已经成功地用于选择要标记的数据。与半监督学习不同的是,主动学习使用一种策略选择标记最有利于分类模型归纳的实例。此时的实例会选择更靠近决策边界的对象,或与标记的对象非常不同的对象。

11.5 具有监督可解释技术的描述和预测

到目前为止,我们描述的所有使用监督学习的情况都是预测任务。尽管有访问类标签信息的权限,但监督分类任务也可以用于描述任务。在这种情况下,可以使用数据集中的所有对象对它们进行训练,因为诱导模型不会用于预测。现在的目的是描述数据集中出现的模式。

得到的解释是对于可用数据而言的,数据集越大,越有代表性,解释就越接近实际情况。为了能够描述数据集,模型对于用户需要是可解释的,这就排除了神经网络和支持向量机等技术。

例 11.1 使用监督技术进行描述性任务的一个例子是,将决策树归纳算法应用于我们的社交网络数据集。这样会生成一个决策树(见图 10.3),这个决策树通过显示每个类中对象的预测属性模式描述"关系"类的主要方面。

无论任务是描述性的还是预测性的,尽管得到的模型具有相同类型的信息,但这些任务所使用的实验设置是不同的。在描述性任务中,没有必要评估预测性能,因此就没必要使用如 8.1.2 节所述的重采样技术,或如 8.1.3 节所述的用于回归和 9.2 节所述的用于分类的性能度量。

具有描述性目的的模型评估方法的主要原则是,衡量模型与数据的吻合程度。不过若使用决策树等更灵活的模型,可以获得完全适合数据的模型。因此,评价措施也应考虑模型的复杂性。这种评价方法的例子有赤池信息准则(Akaike Information Criterion,AIC)和贝叶斯信息准则(Bayesian Information Criterion,BIC)。

11.6　练习

(1) 在生成分类器集合的基本学习器方面,给出并行方法相对于顺序方法的一个优点和一个缺点。

(2) 为什么我们可以在 Bagging 和 AdaBoost 中使用任何预测器,而只能在随机森林中使用决策树?

(3) 为什么一些集成方法在不稳定预测器下工作得更好?

(4) 决策树的搜索偏差和表示偏差是什么?

(5) 描述 3 个日常生活中的多类分类问题。

(6) 解释多标签分类和排序分类在何种程度上相关。

(7) "走""跑""坐""躺"这些活动如何按等级分类?

(8) 给定表 9.4 中的社交网络数据集,使用前 10 个对象作为训练集,最后 10 个对象作为测试子集,执行以下过程。

① 使用具有 10 个决策树的 Bagging 预测测试子集对象的类标签。

② 使用 10 棵决策树的随机森林预测测试子集对象的类标签,1,2,3 为每个分裂节点随机选择的属性数。

③ 使用 AdaBoost 和决策树重复实验,超参数使用默认值。

④ 比较 3 组实验的结果。

第 12 章

预测性分析的备忘单和项目

与前面的专题章节一样,本章分为两部分:第 3 部分的内容备忘单,项目决议则见1.6.2 节。

12.1 预测性分析备忘单

第 3 部分所述方法的摘要位于表 12.1 中,每种方法根据以下标准进行分类。

(1) 方法:方法的名称;

(2) CR:分类和/或回归;

(3) ♯hp:超参数的数量;

(4) PrP:预处理,它可以有以下数值:

- CS:中心和尺度或"规范化"
- COR:删除相关特征
- FS:特征选择

(5) PC:处理成本;

(6) Int:可解释性。

在这里和后面的表格中,"+"表示正的,"−"为负的,"−+"则表示介于两者之间。

表 12.1　关于预测算法的备忘单

方　　法	CR	♯hp	PrP	PC	Int
多元线性回归	R	0	COR/FS	+	+
岭回归	R	1	COR/CS/FS	+	+
最小绝对收缩和选择算子	R	1	COR/CS/FS	+	+
主成分回归	R	2	COR/CS	+	−+
偏最小二乘	R	3	COR/CS	+	−+
k-NN	CR	2	CS/FS		−
逻辑回归	C	0	COR/CS/FS	+	+
朴素贝叶斯	C	0	COR/FS	+	−+

续表

方　　法	CR	♯hp	PrP	PC	Int
决策树归纳法(C4.5)	CR	10		＋	＋
模型树归纳法	CR	2		＋	＋
多元自适应回归样条	R	2		＋	＋
人工神经网络	CR	6	FS	－	－
深度学习(CNN)	CR	10		－	－
支持向量机	CR	3.	FS	－＋	－
Bagging	CR	2		－	－＋
随机森林	CR	2		－	－＋
演算法	C	2		－	－

12.2　预测性分析项目

本项目涉及 CRISP-DM 方法,使用的数据可以在 UCI 机器学习知识库中获得,在网上很容易得到,数据集名为波兰公司破产数据。

12.2.1　业务理解

投资者、银行和许多其他机构以及股东都有兴趣预测一家公司的生存能力,业务目标是预测一家公司在未来 5 年内是否会破产。

12.2.2　数据理解

所收集的数据有.arff 扩展名,该扩展名由数据挖掘软件 WEKA 使用,但是任何文本编辑器都可以进行读取。我们只使用 5 个可用文件中的第 1 个,即第 1 年的数据,目标属性是二进制(0/1)。预测属性描述如表 12.2 所示。

表 12.2　波兰公司破产数据集的预测属性

属性	描　　述
X1	净利润/总资产
X2	总负债/总资产
X3	营运资本/总资产
X4	流动资产/短期债务
X5	[(现金＋短期证券＋应收账款－短期负债)/(运营费用－折旧)]×365
X6	留存收益/总资产
X7	息税前利润/总产
X8	净资产值/负债总额
X9	销售/总资产
X10	资产/总资产

续表

属性	描　　述
X11	（毛利润＋特别项目＋财务费用）/总资产
X12	总利润/短期债务
X13	（毛利润＋折旧）/销售额
X14	（毛利润＋利息）/总资产
X15	（总负债×365）/（毛利＋折旧）
X16	（毛利润＋折旧）/总负债
X17	总资产/总负债
X18	总利润/总资产
X19	总利润/销售
X20	（库存×365）/销售
X21	销售（n）/销售（$n-1$）
X22	经营活动利润/总资产
X23	净利润/销售
X24	毛利（3年）/总资产
X25	权益资本/总资产
X26	（净利润＋折旧）/总负债
X27	经营活动利润/财务费用
X28	营运资本/固定资产
X29	总资产的对数
X30	（负债总额－现金）/销售额
X31	（毛利润＋利息）/销售额
X32	（流动负债×365）/销售产品成本
X33	营业费用/短期债务
X34	营业费用/总负债
X35	销售利润/总资产
X36	销售总额/总资产
X37	（流动资产－存货）/长期负债
X38	不变资本/总资产
X39	销售/销售的利润
X40	（流动资产－存货－应收账款）/短期负债
X41	负债总额/（（营业利润＋折旧）×（12/365））
X42	经营活动/销售利润
X43	应收账款周转＋存货周转天数
X44	（应收账款×365）/销售
X45	净利润/库存
X46	（流动资产－存货）/短期负债
X47	（库存×365）/销售成本
X48	EBITDA（经营活动利润－折旧）/总资产
X49	EBITDA（经营活动利润－折旧）/销售额

续表

属性	描　述
X50	流动资产/总负债
X51	短期负债/总资产
X52	(短期负债×365)/销售成本
X53	资产/固定资产
X54	不变资本/固定资产
X55	营运资本
X56	(销售－产品销售成本)/销售
X57	(流动资产－库存－短期负债)/(销售－毛利润－折旧)
X58	总成本/总销售额
X59	长期负债/权益
X60	销售/库存
X61	销售/应收账款
X62	(短期负债×365)/销售
X63	销售/短期债务
X64	销售/固定资产

有了数据集后,就需要对其进行理解,且评估它的质量,并使用统计和可视化技术描述数据。属性的一些统计数据如表 7.8 所示。

通过对表 12.3 的快速分析,我们可以发现一些问题。

(1) 缺失值:844 个没有目标标签的实例,几乎所有属性都有缺少值。

(2) 冗余属性:绝对相关值大于 0.8 的属性有 24 对,正相关 22 对,负相关两对。

(3) 噪声数据:几乎所有属性都有极值,要么是噪声,要么是异常值。

此外,数据集显然是不均衡的,因为它有 5989 个负类实例,只有 194 个正类实例。

表 12.3　波兰公司破产数据集统计

属性	类型	缺失值	最小值	最大值	均值
X1	实数	3	−189.560	453.770	0.314
X2	实数	3	−141.410	1452.200	2.624
X3	实数	3	0	3876.100	5.553
X4	实数	30	−440.550	1099.500	1.826
X5	实数	8	−189.450	453.780	0.354
X6	实数	3	−23.207	331.460	0.800
X7	实数	3	−607.402	13315	2.093
X8	实数	25	−141.410	1452.200	2.624
X9	实数	1	0	3876.100	5.553
X10	实数	3	−440.550	1099.500	1.826
X11	实数	39	−189.450	453.780	0.354
X12	实数	30	−23.207	331.460	0.800

属性	类型	缺失值	最小值	最大值	均值
X13	实数	0	−607.420	13 315	2.093
X14	实数	3	−189.560	453.770	0.314
X15	实数	2	−5 611 900	3 599 100	1802.696
X16	实数	25	−42.322	405.330	0.871
X17	实数	25	−0.413	1529.900	3.752
X18	实数	3	−189.560	453.770	0.314
X19	实数	0	−622.060	2156.800	0.562
X20	实数	0	0	7 809 200	1162.128
X21	实数	1622	−1325	27 900	10.368
X22	实数	3	−216.800	454.640	0.288
X23	实数	0	−634.590	2156.800	0.424
X24	实数	124	−189.560	831.660	0.540
X25	实数	3	−459.560	1353.300	1.264
X26	实数	25	−21.793	612.880	0.831
X27	实数	311	−14 790	2 040 800	1321.989
X28	实数	34	−490.090	1570	2.703
X29	实数	3	0.176	9.386	4.195
X30	实数	43	−149.070	152 860	23.705
X31	实数	297	−622	2156.800	0.500
X32	实数	636	0	351 630	237.064
X33	实数	763	0	884.200	7.473
X34	实数	818	−280.260	884.200	3.931
X35	实数	830	−169.470	445.470	0.356
X36	实数	841	0.000	3876.000	6.447
X37	实数	3265	−525.520	398 920	190.201
X38	实数	841	−20.340	1099.500	2.188
X39	实数	839	−14.335	2156.500	0.440
X40	实数	869	−101.270	1014.600	0.883
X41	实数	914	−11.976	813.140	0.664
X42	实数	840	−35.214	2156.800	0.435
X43	实数	840	0	30 393 000	5034.468
X44	实数	840	0	22 584 000	3728.024
X45	实数	948	−0.599	5986.800	8.252
X46	实数	869	−101.260	1017.800	1.960
X47	实数	869	0	47 794	80.008
X48	实数	843	−218.420	405.590	0.186
X49	实数	842	−9001	31.639	−1.408
X50	实数	865	0	261.500	2.161
X51	实数	846	0	21.261	0.385

续表

属性	类型	缺失值	最小值	最大值	均值
X52	实数	872	0	354.360	0.462
X53	实数	875	−130.470	180 440	107.276
X54	实数	875	−82.303	180 440	108.245
X55	实数	844	−589 300	4 398 400	10 496.129
X56	实数	844	−1 108 300	1	−179.139
X57	实数	845	−15.813	71.053	0.291
X58	实数	844	−0.004	1 108 300	180.140
X59	实数	845	−256.990	119.580	0.290
X60	实数	953	0.000	361 820	132.159
X61	实数	862	0.000	21 110	16.433
X62	实数	844	0	2 5016 000	4164.117
X63	实数	869	0.000	1042.200	8.635
X64	实数	875	0.000	294 770	218.049
CLASS	二项式	844	1（194）	0（5989）	0（5989），1（194）

12.2.3 数据准备

（1）删除没有目标标签的 844 个实例，所有这些公司都来自主流阶层，没有资不抵债的公司。

（2）所有预测属性均使用 z-score 进行规范化。

（3）为了去除极值，将绝对值大于 5 的 167 个（17 个 1 类和 150 个 0 类）规范化值去除。

（4）所有缺失值用各自预测属性的平均值填充。

为了删除相关属性，没有进行任何处理，因为建模阶段使用了正向特征选择，这是一个倾向于删除相关属性的过程。

12.2.4 建模

使用 3 种不同的算法进行建模。

（1）k-NN：其中 $k=15$，不进行调优，欧氏距离为距离度量。70% 数据在 Holdout 分割后用于训练模型，剩下的 30% 用于评估正向特征选择，所选特征为 X6、X11、X24、X27 和 X60。

（2）C4.5 决策树：修剪时使用 25% 的置信阈值，每片叶子最少两个实例。

（3）随机森林：生成了 500 棵树。

保留部分的 70% 被用来做 10 重交叉验证，这 3 种算法都使用了相同的 10 重交叉验证分区。C4.5 和随机森林都使用了所有属性，并且只使用前向搜索选择的 5 个属性，这 5 个属性是通过 k-NN 算法的正向选择确定的。

可以执行/使用更多的实验和算法，使用不均衡数据集的方法是可以测试的，还可以使用其他一些算法。

12.2.5 评估

在分类中有大量的评估措施,具体选择取决于目标。这个问题最重要的目标是正确地预测尽可能多的实际破产,就是类 1。观察表 12.4～表 12.6,随机森林是最好的方法,能够预测实际发生的 190 起破产案中的 100 起。在达到可接受的错误率之前,应该进行新的实验。

表 12.4   使用 5 个预测属性的 k-NN 混淆矩阵

	真实 0	真实 1	分类精度
预测 0	5812	106	98.21%
预测 1	14	84	85.71%
分类召回率	99.76%	44.21%	—

表 12.5   使用 5 个预测属性的 C4.5 混淆矩阵

	真实 0	真实 1	分类精度
预测 0	5799	100	98.30%
预测 1	27	90	76.92%
分类召回率	99.54%	47.37%	—

表 12.6   使用所有预测属性的随机森林混淆矩阵

	真实 0	真实 1	分类精度
预测 0	5794	90	98.47%
预测 1	32	100	75.76%
分类召回率	99.45%	52.63%	—

12.2.6 部署

例如,这种结果的使用可以显示为一个网络页面,因此,部署阶段会用到数据科学团队准备的预测模型构建网络站点。

第4部分　常见的数据分析应用

第 13 章　文本、网络和社交媒体应用

本章将描述当前数据分析的 3 个应用,因为它们在不同领域的广泛应用而备受关注。

(1) 文本挖掘,即从文本中提取知识。

(2) 推荐系统,使用同一用户或其他用户之前的选择来推荐书籍、电影和旅游套餐。

(3) 社交网络分析,寻找可以从社会关系中提取的信息。

13.1　文本挖掘

假设你目前的社交网络已经扩大了很多,如有了数百个联系人,因此,你的智能手机每天都会收到数以百计的消息。到目前为止,你已经阅读了所有的信息,却花了一天中大部分的时间;随着联系人数量的增加,需要阅读的信息数量也会增加。如果有一个过滤器能够区分需要阅读和不需要阅读的消息,这不是一件很好的事吗? 可以通过文本挖掘来实现。

随着社交网络工具和电子邮件的使用,以及互联网中博客和文本的快速增加,我们有了大量文本格式的数据。文本是社会中最常见的信息交换方式,许多宝贵的信息可能隐藏在这些文本中,虽然人类可以很容易地从文本中提取有意义的信息,但计算机软件却很难做到。

举个例子,假如你写了一个简单的便条,内容是一位素食朋友 Fred 的饮食偏好,图 13.1 列出了不久前在你的社交网络中写下的记录。

如何能从这篇文章中自动提取有用的信息? 我们在前面看到了一些数据分析技术,特别是机器学习算法,它们可以从数据中提取信息。但是,这些技术只能应用于表格形式的数据,对于图 13.1 中的文本则不适用。文本,如图像、电影和声音,都不是表格形式的,为了区分这两种格式,表格数据称为"结构化"数据,其他数据格式称为"非结构化"数据。

> Fred very much likes having dinner in Chinese restaurants. Since Fred is vegetarian, he doesn't eat meat. In order to have sufficient protein, Fred is always looking for other foods that have protein levels similar to those found in meat.

图 13.1　朋友食物偏好文本

与数据挖掘非常接近的一个领域是文本挖掘,它提供了几种技术,专门用于从用自然语言编写的原始文本中提取信息。我们可以说,数据挖掘与数据相关,而文本挖掘则与文本相关。

文本挖掘的起源可以追溯到信息检索领域的文档索引任务,信息检索通常涉及从联机文档中检索信息。这是网络搜索引擎中的一个关键领域,使用文档之间的相似性识别相关的网络站点。

文本挖掘是数据分析中一个非常活跃的领域,其研究并提供从文本中提取知识的工具。文本挖掘是信息检索、垃圾邮件检测、情绪分析、推荐系统和网络挖掘等其他任务的重要组成部分。对于这些应用,一个关键的方面在于如何衡量文本间的相似性。

与数据挖掘一样,文本挖掘任务可以是描述性的,也可以是预测性的。描述性文本挖掘任务包括查找相似的文档组,以及查找关于相似问题的文本以及文本中经常一起出现的单词。预测性文本挖掘包括将文档分类为一个或多个主题,识别电子邮件中的垃圾邮件和文本消息中的情绪分析。

本节将重点介绍预测性文本挖掘,也称为文本分类和文档分类。"文本"和"文档"将在本节中互换使用。

如前所述,大多数数据挖掘技术都希望数据采用属性值表格形式,所以它们不能直接应用于文本数据,不过已经出现了几种从原始文本中提取结构化数据的技术。因此,文本挖掘的第1个步骤是将文本转换为表格属性值格式,在本节中,我们将介绍其中一些技术,并说明如何将文本转换为属性值表(一种表格格式)。

为了说明文本挖掘是如何工作的,我们回顾一下自动消息分类任务。假设我们想把收到的消息分成工作和家庭这两个组,为此,可以使用数据分析工具归纳一个模型,该模型能够将我们的消息自动分到这两个组。

预测性文本挖掘过程非常类似于数据挖掘过程,主要区别在于将非结构化数据转换为结构化数据以专门用于文本的预处理技术的使用。总之,文本挖掘任务包括5个阶段:

(1) 数据采集;

(2) 特征提取;

(3) 数据预处理;

(4) 模型归纳;

(5) 结果的评估和解释。

最后3个阶段在执行过程中使用数据挖掘技术,在第1阶段之后,数据将采用结构化格式。因此我们将重点讨论前两个阶段。

13.1.1 数据采集

在本书的开头可以看到,我们首先需要收集具有代表性对象的数据集,也就是与我们认为将来会接收到的对象类似的对象。当然,我们不能确定未来消息的特征,但如果能够收集各种对象,就有很好的机会获得具有代表性的样本。如果我们有大量的消息,并且有良好的存储和处理能力,可以只收集某个给定时期内(如前 12 个月)的所有消息。文本或文档的集合称为文集,而文集中的每个文本都将被转换为结构化对象。

如果有多个文本源,则文本可能具有不同的格式,如 ASCII、Unicode 文本格式或可扩展标记语言(Extensible Markup Language,XML)格式。XML 是标准的文档交换格式,XML 文件利用关键字(标记)标记文档的某些部分。这些标记可以提供对于内容有意义的信息,如表示文档的标题、作者、日期、主题以及摘要。标记可用于标识要挖掘的文档部分,非自然语言的文本,如电子邮件和网站地址,很容易被检测到,必要时可以删除。

13.1.2 特征提取

一旦所有文本都经历了这个过程,每个文本或文档都将是一个字符流,包括单词、数字、空白、标点符号和特殊字符。预测数据挖掘任务类似,我们从文本中分离出一个子集,作为训练数据集。利用这些文本归纳一个预测模型,在它们转换为定量值之后,将其应用于新文本。

1. 标记

下一步是为每个文本从字符流中提取单词序列,在这个称为标记的过程中,序列中的每个单词都称为词汇标记。通过查看空白和标点符号来检测单词,若一个单词在文本中出现多次,那么它的标记在标记序列中也会出现多次。在信息提取和自然处理语言字段中,用一组标记表示文本的过程称为“单词包”,其中每个标记都可以出现多次。根据文档的上下文,一些特殊字符可能是标记;而对于某些应用,整个短语也可以是一个标记。

例 13.1 为了说明文本挖掘的工作方式,假设有一个小型的训练集,其中包含来自家庭和同事的 6 条短消息。对于文本分类任务,训练集中的每个文本都由一个或多个主题标记。为了使示例更简单,假设为每个训练集消息分配了一个将成为消息类标签的主题,此时的主题是“家庭”和“工作”。表 13.1 列出了文本及其标签。

在本例中,我们有少量的短文本,而实际上则通常有大量的文本。对于消息交换应用和情感分析,文本通常很短,而其他应用中长文本更常见。

表 13.1 标记文本训练集

接收到的消息	分类
I like my sister's birthday party	家庭
I liked the company party	工作
I am not bringing them from school	家庭
I will talk and bring the contract	工作
I talked to other companies	工作
My wife is having contractions	家庭

2. 词干分析

这些标记可以是一个单词的几种变体,如复数、动词的变体和性别形式。因此,如果我们用所有出现在训练集中的文本的所有标记表示每个文本,可能会得到非常多的标记,不过大多数文本只有这些标记的一小部分。

我们之前说过,在将文本转换成一个定量值表时,每个单词或是现在的每个标记,都将成为一个预测属性。由于只有一小部分标记将出现在特定的文本中,所以其标记未出现在对象文本中的预测属性的值为 0。这将使整个表非常稀疏,因为它的大多数预测属性值等于 0。

为了避免产生大量的标记以及非常稀疏的数据集,需要寻找一种能够表示标记的许多变体的常见基本形式。在一个最简单的方法中,每个标记都转换为相应词干,这是一个称为"词干分析"的过程,它使用词干分析算法,也称为"词干分析器"。不同的自然语言有不同的词干。即使是一门语言,如英语,也可以有不同的词干。在英语的词干提取算法中,最常见的一种是 Porter 词干提取算法或词干分析器。

例 13.2 例如,表 13.2 所示为 Porter 词干分析应用于 4 个单词变体时产生的词干。

因此,Porter 词干分析将 studies,learned 和 studying 这 3 个词转化为 studi。词干提取是一种非常简单的方法,通常只是去掉词缀。词头的词缀是前缀,词尾的词缀是后缀。

现在,对来自标记文本训练集的文本消息应用相同的词干提取算法,表 13.3 所示为每个对象的词干和对象标签。

表 13.2   词干提取结果

原　　　词	词　　　干
studied,studying,student,studies,study	studi,studi,student,studi,studi
miner,mining,mine	miner,mine,mine
vegetable,vegetarian,vegetate	veget,vegetarian,veget
eating,ate,eats,eater	eat,ate,eat,eater

表 13.3   使用词干分析器后的结果

词干分析后的消息	分类
I,like,my,sister,birthday,parti	家庭
I,like,the,compani,parti	工作
I,am,not,bring,them,from,school	家庭
I,will,talk,and,bring,the,contract	工作
I,talk,to,other,compani	工作
My,wife,is,have,contract	家庭

这些简单的操作明显降低了标记数量,每个标记由其词干表示。

另一种词干变化叫作词形还原,词形还原会提取单词的常见基本形式,是一种更复杂的方法,因为它使用词汇并考虑到语言的语法方面,且进行形态分析。词形还原返回一个词的字典形式,这个词称为词元。

前面示例中的词干提取通过提取不同的标记的词干,来减少它们的数量。即便如此,仍然有 23 个词干。由于每个词干将成为一个预测属性,每个对象也将有 23 个预测属性。因为大多数文本有 5 个词干,所以 75% 左右的预测属性不会出现在多数对象中,结果是 103 个预测属性的值为 0。在转换为表格格式之后,仍然得到一个稀疏表。好消息是还有其他方法可以减少词干的数量,从而减少预测属性的数量。

删除停止词可以进一步减少词干的数量,停止词是文本中很常见的词,因此它们的识别能力较低,在下一个文本挖掘阶段可能不会有用。停止词的例子包括:

(1) 形容词(good,bad,large⋯);

(2) 副词(fast,nice,not⋯);

(3) 量词(a,an,the);

(4) 否定词(none,not,never⋯);

(5) 代词(I,he,my,his,yours,ours⋯);

(6) 介词(at,by,for,from,in,like,on,to⋯);

(7) 连词(and,but,or,with⋯);

(8) 经常使用的动词(are,be,is,was,has,have⋯);

(9) 限定词(a little,less,more,other,probably,same,somewhat,very,yet⋯)。

需要注意的是,一个词可以有不同的意思。例如,根据上下文,单词 like 可以是动词、介词或连词。有些词在某些文本中是副词,有些是形容词,在简单的停止词检测技术中,需要假定其中一种含义。

删除哪些停止词取决于实际应用,例如,在情感分析应用中,形容词和否定词的存在非常重要。为应用选择最合适的停止列表子集,这在文本挖掘中是很常见的。

此外,有些词干在文本中也很少出现,因此可能对预测模型的归纳没有帮助。据估计,文集中有一半的单词只出现一次。因此,文集中出现频数非常低的词根可能会被删除。

一些文本挖掘应用还使用停止短语,可以删除在文本中经常出现的、识别能力较低的整个短语。可以在特征提取步骤之前识别和删除停止词,但应该在所有之前的转换完成之后将它们删除。

例 13.3 如果删除停止词,且将单词 like 看作一个停止词,我们可以将前一个例子中每个对象的词干组成转换为表 13.4 所示的对象。

删除停止词后,我们已经将不同词根的数量从 23 个减少到 9 个。大多数对象只有两个词根,因此定量表仍然是稀疏的,但值为 0 的预测属性的数量要少得多,其数量从 103 减少到 40 个。

表 13.4 删除停止词后的词干

删除后的词干	分类
sister,birthday,parti	家庭
compani,parti	工作
bring,school	家庭
talk,bring,contract	工作
talk,compani	工作
wife,contract	家庭

3. 转换为结构化数据

文本挖掘的下一步是将文本挖掘任务转换为数据挖掘任务,为此,必须将非结构化格式(文本)的信息转换为结构化格式,也就是具有定量值的表格。

首先在文本训练集中执行这种转换:使用文本来归纳一个预测模型,然后将其应用于新文本。

与词干关联的预测属性的值可以简单到表示文本中词干是否存在的二进制值。例如,1表示文本中出现词干,0表示没有。这个过程简化了设计实现和数据分析,不过每个词干在文本中出现的次数可能是文本分类的重要信息。

因此,通常的流程会记录特定的词干在消息中出现的次数。最常见的方法是使用5.1.3节所介绍的单词包,该方法提取每个文本中出现的词干,通过标记和词干提取过程进行过滤。从任何分类、文本中获得的每个词干,都将成为一个预测属性。因此,每个文本将由一个具有 n 个预测属性的对象表示,每个预测属性对应于在训练集文本中找到的每个词干,这些值就是词干的出现次数。

例 13.4 由于所使用的文本非常短,删除停止词后,在每个有词干的文本中不会出现超过一次的词干。因此,所有预测属性都有一个二进制值:1表示对象中有词干;0表示没有。这里提醒一下,每个文本都要转换为一个属性(值对象)。表13.5列出了所得到的表格格式。

现在数据看起来更像我们在本书前几章看到的数据集。

表 13.5　带词干的对象

birthday	bring	compani	contract	parti	school	sister	talk	wife	分类
1	0	0	0	1	0	1	0	0	家庭
0	0	1	0	1	0	0	0	0	工作
0	1	0	0	0	1	0	0	0	家庭
0	1	0	1	0	0	0	1	0	工作
0	0	1	0	0	0	0	1	0	工作
0	0	0	1	0	0	0	0	1	家庭

4. 单词包就够了吗

有时,每个单词都出现是不够的,甚至会产生误导。请看图13.1中的文本,单词 meat 出现的频数是单词 vegetarian 的两倍。通过单纯地计算单词,我们的数据分析方法可能会得出 Fred 喜欢吃肉的结论。此外,如果某个词前面有一个否定词,这个否定不会被考虑在内。

在更复杂的文本挖掘方法中,可以使用自然语言处理技术。尽管文本解释更加准确,但对大型文本使用这些技术将减慢文本挖掘过程。

13.1.3　剩下的阶段

一旦有了表格格式的数据,我们就可以进行下面的阶段:数据预处理,模型归纳,以及结果的评估和解释。这些阶段采用了传统的数据挖掘技术。

预处理包括降维,在文本挖掘应用中,在已经介绍过的所有步骤(标记、提取和删除停止词和频数非常低的词)之后,仍然可以拥有大量的预测属性和非常稀疏的数据。因此,降维技术常被用来进一步减少预测属性的数量和稀疏性。

文本挖掘任务的评估方法通常与数据挖掘任务相同。在一些应用中,还使用了信息检索措施。

13.1.4 趋势

文本挖掘是数据分析中一个非常热门的话题,目前已经开发并商业化了多种文本挖掘工具和应用。当前文本挖掘的趋势包括:

(1) 结合图像处理技术,从旧的印刷文档和书籍中提取知识;

(2) 结合自然语言处理技术进行文本理解;

(3) 识别文本习语并将文本翻译成其他习语;

(4) 发现学术文本的作者;

(5) 识别文件、书籍、新闻和学术文章中的剽窃行为;

(6) 从媒体发布的新闻中提取信息,以总结不同来源的新闻,并提供新闻的个人选择;

(7) 监测与健康相关的文献,以发现改善医疗诊断的新知识;

(8) 情绪分析,挖掘短信中的意见。

另一个常见的应用是从文本中提取元数据,这是文本中出现的重要信息。举个例子,假设我们要筛选工作机会,提取的元数据可以是公司名称、国家、地址、网站、电子邮件地址和电话号码、应用的截止日期、期望的申请人特征、工作要求、工资、技能以及开始日期。

文本挖掘的两个重要应用是情感分析和网络挖掘,下面将介绍这两个应用的主要内容。

1. 情感分析

文本挖掘的一个特殊案例是,分析通过社交网络工具交换的短文本,这种分析称为情感分析或意见挖掘,通常在字符数量有限的文本上进行。在这种情况下,使用单词包的方法通常可以获得较好的效果,且处理成本较低。

情感分析技术用来分析用户对实体、事件、问题、公众人物、产品、服务和主题的态度、评价、意见和情感。它们已被成功地应用于新产品的营销评估、预测对手球迷之间的争论以及发现竞选活动中的投票趋势等应用中。

2. 网络挖掘

另一个常见的文本挖掘应用是分析来自网络页面的文本,这个领域称为网络挖掘,从学术机构和出版物、电子商务、新闻机构、报纸和政府的日志和网站等不同来源的网页上可以找到大量的文本。

不过,与纯文本相比,网络页面通常由标记语言定义的特殊结构编写,如超文本标记语言(Hypertext Markup Language,HTML)。标记语言提供文本之外的额外信息,如音频文件、图像、视频、评论、元数据和到其他网络页面的超链接,所有这些都可以用于知识提取。因此,从网络页面提取了文本后,就可以对其应用文本挖掘技术,可能还可以应用于其他额外的信息。

但这些额外的信息也可能成为一种负担。首先,它可能包含不相关的信息,甚至可能会损害而不是帮助知识提取过程;其次,由于网络页面可能具有非常不同的结构,因此很难从它们中自动提取数据。

13.2　推荐系统

数据分析的常见应用包括推荐系统(Recommender System,RS)。我们在日常生活中经常遇到这些情况:Netflix 推荐电影,Facebook 推荐新朋友,Youtube 推荐要看的视频,电子商店推荐要购买的产品,亚马逊推荐书籍,以及报纸推荐要阅读的文章,等等。

公司希望销售更多的产品,增加用户的满意度和忠诚度,同时更好地了解用户的需求和兴趣。另外,用户想要用相对较少的努力找到他们想要的,这一点非常重要的,因为用户在搜索和浏览时所面临的信息量很大。将推荐技术(Recommendation Technique,RT)应用于网络目录、电子商店、社交网络和其他应用是实现供应商和用户这些目标的合理操作。

RT 领域是从信息检索和机器学习领域发展起来的,虽然有共同之处,但也存在一定的差异。在信息检索中,数据是非结构化的,涉及各种主题,但是 RT 主要关注与单个主题(如电影)相关的数据库。此外,虽然机器学习处理的是容易测量以及客观的评估度量(如均方误差),但要度量推荐的质量(用户满意度)却不是那么简单。不过,RT 开发中常用到信息检索和机器学习技术。

13.2.1　反馈

除了用户和项之外,RT 的基本概念是反馈,我们先简要地讨论一下前两个概念。

用户可以通过他们的属性或特征来定义,如年龄、收入、婚姻状况、教育、职业或国籍,也可以通过他们喜欢的运动、爱好或喜欢的电影来定义。这些信息通常是通过问卷的方式获得的,但是由于这些信息的敏感性,用户属性通常很难得到。

另外,这些项也有自己的属性。例如,对于电影,存在标题、类型、年份、导演、演员、预算或奖项提名。与用户属性相比,此信息并不敏感,但有时可能需要付出很高的代价才能获得。例如,如果我们需要从文本描述中得到它们,则必须有人输入数据。

当用户与一个项进行交互时,它可以被看作是某种关于用户对给定项的兴趣的反馈。根据获得反馈的方式,可以分为:

(1)显式反馈,当系统要求用户直接表达对某件物品的偏好时,如以某种方式对其进行评分或排名;

(2)隐式反馈,通过观察用户与系统的交互来获取用户的偏好信息,如记录哪些条目被浏览、收听、滚动、收藏、保存、购买、链接、复制等。

明确的反馈更精确,但会给用户带来认知负担。想象一下,有人让你给老师打分,在某些情况下,你可能需要一些时间来做决定。另外,隐式反馈不会给用户带来负担,但也不是那么精确。例如,如果你和某个老师一起报了一个课程,这并不一定意味着你喜欢那个老师。

13.2.2 推荐任务

在开始介绍推荐任务的定义之前,我们先看一些符号。令 $u \in \{u_1, u_2, \cdots, u_n\}$ 为 n 个用户集的一个特定用户;类似地,$i \in \{i_1, i_2, \cdots, i_m\}$ 将对应于 m 个项集中的一个特定项。用户 u 对项 i 的记录反馈将记为 r_{ui},其对应一定的等级或排名。

推荐任务指的是,考虑到组用户和项记录反馈,要得到预测每对用户-项对 (u, i) 值的模型 $\hat{f}$,用数值 r_{ui} 代表用户 u 对于项 i 的评级。这听起来是不是很熟悉?答案可能是肯定的,因为它看起来像一个预测任务,第 8 章已经介绍过了。

根据反馈的类型,区分以下两个推荐任务。

(1) 显式反馈的评级预测,r_{ui} 表示用户对于项的评价,$\hat{f}(u, i) = \hat{r}_{ui}$ 表示用户 u 对于项 i 的预测评级。

(2) 隐式反馈的项推荐,r_{ui} 为 0 和 1 分别表示用户和项之间的交互不存在和存在,$\hat{f}(u, i) = \hat{r}_{ui}$ 表示用户 n 对于项 i 的"正"隐含反馈(评级分数)的预测可能性。

例 13.5 我们汇总一下朋友们对一些电影的偏好,以便向他们推荐一些新的电影。项推荐场景如表 13.6 所示,我们收集了关于 4 个朋友看了 5 部电影中的哪一部的信息,单元格中的值 1 对应于正的隐式反馈。例如,Eve 看了《泰坦尼克号》,但没有看《阿甘正传》。在这种情况下,推荐任务将是了解用户对他们尚未看过的电影的积极反馈的可能性,如 James 对《泰坦尼克号》和《阿甘正传》的积极反馈的可能性。预测可能性最高的电影是 James 最喜欢的电影。但请注意,隐式反馈只记录正反馈,这是有道理的,因为用户看过一部电影可能表明他对这部电影非常感兴趣,所以在某种程度上,他更喜欢这部电影。但积极的反馈并不一定意味着用户也喜欢给定项,不过这些假设是模糊的,这就是隐式反馈不能被认为是精确的原因。

表 13.6 项推荐场景

姓名	《泰坦尼克号》	《低俗小说》	钢铁侠	《阿甘正传》	《木乃伊》
Eve	1	1	1		1
Fred	1	1		1	1
Irene	1	1	1	1	
James		1	1		1

当我们要求用户对项进行评分时,会得到更精确的反馈,如表 13.7 所示,其中单元格中的数字对应于我们的朋友分配给电影的评分(星星的数量)。这里的任务是预测用户尚未看过的电影的评分。例如,James 对《泰坦尼克号》和《阿甘正传》的评价是什么?最高的预测评级的含义是 James 会比其他任何人都更喜欢这部电影。

表 13.7 评分预测场景

姓名	《泰坦尼克号》	《低俗小说》	《钢铁侠》	《阿甘正传》	《木乃伊》
Eve	1	4	5		3
Fred	5	1		5	2
Irene	4	1	2	5	
James		3	4		4

13.2.3 推荐技术

我们区分了 3 种主要的 RS 技术和它们的组合,实际使用哪个取决于域和可用的数据,也就是说,关于用户和项的哪些信息是可用的,或者是否考虑了反馈。这 3 种技术将在下面进行描述。

1. 基于知识的推荐技术

在基于知识的推荐技术中,推荐是基于对用户需求和偏好的了解。利用项的属性(如价格和汽车的类型、安全气囊、控件大小等)、用户的需求(如"汽车的最高可接受的价格是8000 美元"和"汽车应该是安全的,适合家庭")和域知识描述一些用户需求和项属性(如"家庭用车应该具有大空间")之间或用户需求(如"若需要安全的家庭用车,则最大可接受的价格不能超过 2000 美元")之间的依赖。

在这些推荐系统中,推荐过程是交互式的,用户根据与系统"对话"的给定状态中推荐的项迭代地指定他的需求。推荐是通过在目录中标识那些符合用户需求的产品,并根据它们符合这些需求的程度进行排序而得到的。

基于知识的推荐技术的缺点是准备底层知识库的成本高,而且这是和域相关的。每个域都需要一个特定的知识库,因此就需要一个域专家,使得这些类型的推荐系统不灵活,因此不太受欢迎。

2. 基于内容的推荐技术

在基于内容的推荐技术中,项的属性和来自用户的一些反馈是必要的。用户的兴趣是通过监督机器学习技术学习的,换句话说,给定用户的反馈模型(目标属性)是通过用户过去对项进行评级或排序的属性(解释变量)学习的。使用得到的预测模型,可以预测用户尚未看到的项的评级或排名。然后根据这些预测评级或排名,准备推荐项的列表,对于每个用户,都要学习一个单独的预测模型,即分类器或回归器。

这种类型推荐技术的优点是不需要用户属性。另外,预测模型通常从少量实例中学习,特别是对于新用户而言。此外,用户可能只对特定的电影进行评级,如只有特定类型或特定演员出演的电影。因此,由于这些以及其他一些原因,所学习的预测模型对过拟合很敏感,可能会将推荐范围缩小到特定的项空间。

例 13.6 从表 13.7 中学习基于内容预测的 Eve 模型的训练数据如表 13.8 上半部分所示,从这些数据中得到的回归树模型如图 13.2 所示。电影《阿甘正传》的 Eve 预测评分为 1,在表 13.8 底部以粗体显示。

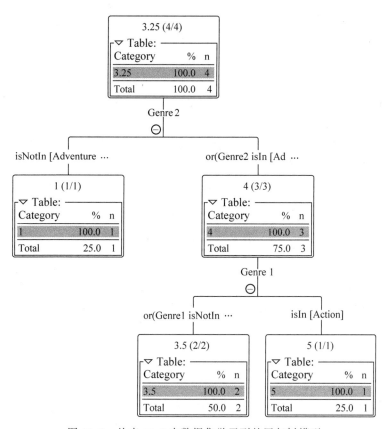

图 13.2　从表 13.8 中数据集学习到的回归树模型

表 13.8　表 13.7 中用户 Eve 基于内容的 RT 数据

ID	类别1	类别2	年份	国家	时长/min	导演	演员1	演员2	分级
泰坦尼克	剧情	浪漫	1997	美国	194	J. Cameron	L. Dicaprio	K. Winslet	1
低俗小说	剧情	犯罪	1994	美国	154	Q. Tarantino	J. Travolta	U. Thurman	4
钢铁侠	动作	冒险	2008	美国	126	J. Favereau	R. Downey Jr.	G. Paltrow	5
木乃伊	科幻	冒险	1999	美国	125	S. Sommers	B. Fraser	R. Weisz	3
阿甘正传	剧情	浪漫	1994	美国	142	R. Zemeckis	T. Hanks	R. Wright	1

3. 协同过滤技术

协同过滤是最流行的推荐技术，它根据用户的反馈识别用户之间的相似点，并推荐相似用户喜欢的项。即使在没有可用用户或项属性的情况下，协同过滤技术也可以得到很好的结果。我们区分了两种主要的协同过滤类型：基于邻居的技术和基于模型的技术。

基于邻居的技术利用向量相似性度量计算用户或项之间的相似性，我们区分基于用户和基于项的协同过滤技术。

1) 基于用户的协同过滤

在基于用户的协同过滤技术中,每个用户都由一个反馈向量表示。表 13.6 或表 13.7 中由向量(?,1,1,?,1)或(?,3,4,?,4)分别对应于 James 给目录中 5 部电影的评分。请注意,用户向量通常是非常稀疏的,因为与目录中的项总数相比,用户只对少量的项提供反馈。

要预测用户对项 i 的反馈,第 1 步是得到和用户 u 最相似的 k 个用户的反馈,以及一些对项 i 的反馈,我们将这些 k 近邻称为 $N_i^{u,k}$。

对于项推荐的情况(也就是表 13.6 中的例子),用户 u 对于项 i 的正反馈的预测可能性,在计算时取 $N_i^{u,k}$ 中从用户 v 到 u 的平均相似度。

$$\hat{r}_{ui} = \frac{\sum\limits_{v \in N_i^{u,k}} \text{sim}(u,v)}{k} \tag{13.1}$$

其中,$\text{sim}(u,v)$ 为一种向量相似度度量,假定其名为余弦向量相似度。其他在第 5 章中谈到的距离度量都可以使用。

余弦向量相似度是一种常见的向量相似度度量,用于要比较的向量稀疏的情况。要计算稀疏向量相似度,两个向量中的缺失值被 0 代替,若两个向量为 $\boldsymbol{x} = \{x_1, x_2, \cdots, x_m\}$ 以及 $\boldsymbol{y} = \{y_1, y_2, \cdots, y_m\}$,余弦向量相似度的计算为

$$\text{sim}^{cv}(\boldsymbol{x}, \boldsymbol{y}) = \frac{\sum\limits_{i=1}^{m} x_i y_i}{\left(\sum\limits_{i=1}^{m} x_i^2 \sum\limits_{i=1}^{m} y_i^2\right)^{\frac{1}{2}}} \tag{13.2}$$

余弦向量相似度是文本挖掘和推荐系统中的常用度量方法。

例 13.7 表 13.6 中用户之间的余弦向量相似度如表 13.9 所示,基于这些数据,根据式(13.1),James 对《泰坦尼克号》和《阿甘正传》的正反馈的预测概率计算如下。

$$N_{\text{Titanic}}^{\text{James},2} = \{\text{Eve}, \text{Fred}\} \text{ and } N_{\text{ForrestGump}}^{\text{James},2} = \{\text{Fred}, \text{Irene}\}$$

然后

$$\hat{r}_{\text{James Titanic}} = \frac{\text{sim}^{cv}(\text{James}, \text{Eve}) + \text{sim}^{cv}(\text{James}, \text{Fred})}{2}$$

$$= \frac{0.87 + 0.58}{2}$$

$$= 0.725$$

$$\hat{r}_{\text{James ForrestGump}} = \frac{\text{sim}^{cv}(\text{James}, \text{Fred}) + \text{sim}^{cv}(\text{James}, \text{Irene})}{2}$$

$$= \frac{0.58 + 0.58}{2}$$

$$= 0.58$$

因此,James 可能更喜欢《泰坦尼克号》而不是《阿甘正传》。

表 13.9 表 13.6 中用户间的余弦向量相似度

用户	Eve	Fred	Irene	James
Eve	1.0	0.75	0.75	0.87
Fred		1.0	0.75	0.58
Irene			1.0	0.58
James				1.0

注：由于相似度数值是对称的，因此对角线下的数据是上方的镜像。

在评价预测中，我们必须要注意偏差。用户的评级通常是有偏见的，这意味着一些用户在他们提供评级的时候更悲观，而其他的则比平均更乐观。因此，在计算用户相似度时，应该考虑到偏差，一个好的选择是利用一些相关度量来计算两个用户反馈之间的相似度。第 2 章中介绍的 Pearson 相关就是一个实例，这里记作 sim^{pc}。由于反馈不只是 0（没有反馈时）或 1（如推荐商品时），而是数字（见表 13.7），所以预测用户 u 对商品 i 的评价的模型为

$$\hat{r}_{ui} = \bar{r}_u + \frac{\sum_{v \in N_i^{u,k}} \text{sim}(u,v)(r_{ri} - \bar{r}_v)}{\sum_{v \in N_i^{u,k}} |\text{sim}(u,v)|} \tag{13.3}$$

其中，$\bar{r}_u$ 和 $\bar{r}_v$ 分别为用户 u 和 v 的平均评级（从训练数据中得到）；$\text{sim}(u,v)$ 则为相似度度量，如 Pearson 相关 $\text{sim}^{\text{pc}}(u,v)$。

例 13.8 表 13.7 中计算得到的用户间 Pearson 相关相似度如表 13.10 所示。基于这些数据，根据式(13.3)，James 对于《泰坦尼克号》的正反馈预测可能性计算如下（J、I 和 F 分别为 James、Irene 和 Fred 的缩写）。

$$N_{\text{Titanic}}^{\text{J},2} = \{\text{I},\text{F}\}$$

$$\bar{r}_{\text{J}} = \frac{3+4+4}{3} = 3.67, \quad \bar{r}_{\text{I}} = \frac{4+1+2+5}{4} = 3, \quad \bar{r}_{\text{F}} = \frac{5+1+5+2}{4} = 3.25$$

$$\hat{r}_{\text{J Titanic}} = \bar{r}_{\text{J}} + \frac{\text{sim}^{\text{pc}}(\text{J},\text{I})(\bar{r}_{\text{I Titanic}} - \bar{r}_{\text{I}}) + \text{sim}^{\text{pc}}(\text{J},\text{F})(r_{\text{F Titanic}} - \bar{r}_{\text{F}})}{|\text{sim}^{\text{pc}}(\text{J},\text{I})| + |\text{sim}^{\text{pc}}(\text{J},\text{F})|}$$

$$= 3.67 + \frac{0.6 \times (4-3) + 0.565 \times (5-3.25)}{0.6 + 0.565} = 1.36$$

这就是 James 对于电影《泰坦尼克号》的预测评级。

表 13.10 表 13.7 中用户间的 Pearson 相关相似度

用户	Eve	Fred	Irene	James
Eve	1.0	−0.716	−0.762	−0.005
Fred	—	1.0	0.972	0.565
Irene	—	—	1.0	0.6
James	—	—	—	1.0

由于相似度数值是对称的,因此对角线下的数据是上方的镜像。

2）基于项的协同过滤

与基于用户的协同过滤相似,也有基于项的协同过滤技术。它们的不同之处在于,不需要考虑相似的用户,而是考虑相似的项。因此,向量相似性度量将从用户-项矩阵(见表 13.6 和表 13.7)的列中计算出来。此外,项的偏差也被考虑在内,反映了它们在用户中的受欢迎程度(有些电影是大片,很受欢迎,而有些则受到观众的负面评价)。

3）基于模型的协同过滤

基于模型的协同过滤技术的基本思想是将用户和项映射到一个共同的潜在空间,这个空间的维(通常称为因子)表示项目的一些隐式属性和用户对这些隐式属性的兴趣。在第 4 章中,我们介绍了主成分分析等一些降维技术,这些技术可以用于基于模型的协同过滤。但这里我们将介绍另一种非常简单的技术,称为低秩矩阵分解。我们将在一个评级预测的例子中说明矩阵分解的主要思想,但也有用于项推荐的分解模型。

对于输入,存在一个表示为 $\boldsymbol{R}$ 的用户-项评价矩阵,也就是说,表 13.7 有 n 行(用户数量)和 m 列(项数量),只有一些单元是非空的(记录的反馈)。非空单元是训练数据,而空单元将由未来的反馈填充。我们的目标是用尽可能接近用户未来反馈的数字填充这个矩阵的空单元,换句话说,应该找到一个具有良好偏差-方差权衡的回归模型,使数据的误差最小。

现在设想两个矩阵 $\boldsymbol{W}$ 和 $\boldsymbol{H}$,它们的维数为:$\boldsymbol{W}$ 有 n 行 k 列,而 $\boldsymbol{H}$ 有 m 列 k 行。$\boldsymbol{W}$ 中的第 u 行 $\boldsymbol{w}_u$ 对应于表示某个 k 维潜在空间中的用户 u 的向量;类似地,$\boldsymbol{H}$ 中的第 i 列 $\boldsymbol{h}_i$ 对应于在相同的 k 维空间中表示第 i 项的向量。

将两个矩阵 $\boldsymbol{W}$ 和 $\boldsymbol{H}$ 相乘后得到一个和评级矩阵 $\boldsymbol{R}$ 维数相同的矩阵 $\hat{\boldsymbol{R}}=\boldsymbol{W}\cdot\boldsymbol{H}$,现在的目标是找到误差最小的矩阵 $\boldsymbol{W}$ 和 $\boldsymbol{H}$。

$$\mathrm{error}(\boldsymbol{R},\hat{\boldsymbol{R}})=\sum_{r_{ui}\in\boldsymbol{R}}(r_{ui}-\boldsymbol{w}_u\cdot\boldsymbol{h}_i)^2 \tag{13.4}$$

这里的 $\hat{r}_{ui}=\boldsymbol{w}_u\cdot\boldsymbol{h}_i$ 是用户 u 对于项 i 的预测评级。不过,它对应第 8 章介绍过的一个线性模型,其中参数 $\boldsymbol{W}$ 和 $\boldsymbol{H}$ 可以从下面的目标函数的最小化得到。

$$\underset{\boldsymbol{W},\boldsymbol{H}}{\mathrm{argmin}}\sum_{r_{ui}\in\boldsymbol{R}}(r_{ui}-\boldsymbol{w}_u\cdot\boldsymbol{h}_i)^2+\lambda(\parallel\boldsymbol{W}\parallel^2+\parallel\boldsymbol{H}\parallel^2) \tag{13.5}$$

这个公式看起来熟悉吗?请看一下式(8.8)、式(8.10)、式(8.13)以及式(8.14)并找出相似之处。

例 13.9 对于 $k=2$,矩阵 $\boldsymbol{R}$(见表 13.7)在一定的设定下因式分解得到两个矩阵。

$$\boldsymbol{W}=\begin{array}{|c|c|}\hline 1.199\ 524\ 2 & 1.163\ 717\ 3 \\ \hline 1.871\ 461\ 9 & -0.022\ 665\ 05 \\ \hline 2.326\ 775\ 3 & 0.276\ 025\ 95 \\ \hline 2.033\ 842 & 0.539\ 499 \\ \hline\end{array}$$

其中的行分别对应于用户 Eve、Fred、Irene 和 James 的潜在表示,而且

$$
\boldsymbol{H} =
\begin{array}{|c|c|c|c|c|}
\hline
1.626\ 100\ 1 & 1.125\ 903\ 4 & 2.131\ 041 & 2.228\ 559\ 3 & 1.607\ 476\ 4 \\
\hline
-0.406\ 496\ 64 & 0.705\ 531\ 9 & 1.040\ 537\ 6 & 0.394\ 001\ 66 & 0.496\ 993\ 15 \\
\hline
\end{array}
$$

这些列分别对应于《泰坦尼克号》《低俗小说》《钢铁侠》《阿甘正传》和《木乃伊》等项的潜在表示,把这些矩阵相乘就得到

$$
\hat{\boldsymbol{R}} =
\begin{array}{|c|c|c|c|c|}
\hline
1.477\ 499 & 2.171\ 588 & 3.767\ 126 & 3.131\ 717 & 2.506\ 566 \\
\hline
3.052\ 397 & 2.091\ 094 & 3.964\ 578 & 4.161\ 733 & 2.997\ 066 \\
\hline
3.671\ 365 & 2.814\ 469 & 5.245\ 668 & 5.294\ 111 & 3.877\ 149 \\
\hline
3.087\ 926 & 2.670\ 543 & 4.895\ 569 & 4.745\ 101 & 3.537\ 480 \\
\hline
\end{array}
$$

可以看出,James 对电影《泰坦尼克号》和《阿甘正传》的预测评级分别是 3.09 和 4.75。

用户和项因子的图形表示(即用户和项的 k 维表示分别对应 $\boldsymbol{W}$ 和 $\boldsymbol{H}$ 的行和列)如图 13.3 所示。用户之间的距离越近,他们的兴趣应该越相似。此外,用户越接近某个项,就越有可能喜欢它。请注意这里提供的示例是在没有仔细调整因数分解算法配置的情况下创建的,因此结果可能不精确,而用作说明已经足够了。

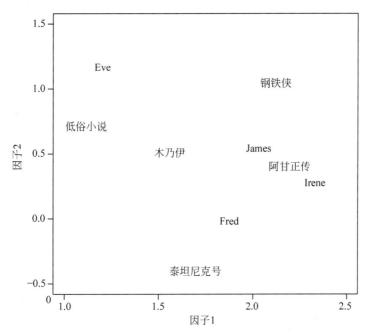

图 13.3 例 13.9 中用户和项在一个常见、潜在的二维空间中的表示

13.2.4 小结

在开发和实现推荐系统时,必须要记住几个重要的问题。

在将已开发的推荐技术集成到像电商这样的实时系统之前,建议对模拟的用户行为数据进行线下评估。这样的实验成本低,时间短,可以大规模进行,虽然它只能回答几个问题,如确定所开发的技术的预测能力以及运行时间。

另一个更昂贵、更耗时的评估推荐系统的操作涉及对用户的研究,与线下评估不同,通过问卷的方式观察和分析系统与真实用户的交互,也就是说他们对所提交的建议有何看法以及是否满意?用户研究通常是规模较小且花费较高,因为我们需要以某种方式对测试对象进行奖励。

推荐系统评估的最后一个阶段是在线评估,实现方式为:系统中的一小部分流量被重定向到开发的推荐技术,并观察用户的行为,看他们是否将评级更改为更好的等级以及是否在系统中停留更长的时间等。但是,这可能会存在风险,因为如果客户对新推荐技术的结果不满意,就可能会失去一些客户。因此,只有当用户研究得到有希望的结果时,才有必要在离线测试之后执行在线测试。

推荐系统应该具有多种特性,这些特性可以在线上和线下实验以及用户研究中进行测试和评估。除了可扩展性、鲁棒性和预测准确性之外,推荐系统应该具有良好的覆盖性,能够为大量的用户推荐大量的项。换句话说,它不应该只适用于一小部分项和用户。另一个问题是建议的新颖性,这涉及系统是否向用户推荐他们自己找不到的项,这个想法与巧合属性有关:对用户的推荐有多出乎意料。例如,用户最喜欢的演员出演的最新电影可能很新奇,但这并不奇怪,因为他们最终会自己发现。此外,值得考虑的是推荐的多样性,它度量推荐项有多"丰富多彩"。如果推荐仅限于特定类型的电影或特定演员的电影,我们可能不会很满意。

当系统中出现新用户或新项时,就会出现所谓的冷启动问题,也就是没有(或没有足够的)反馈记录,在这种情况下,最简单的解决方案是向用户推荐最流行的商品。如果我们有一些关于用户的附加信息,就可能会利用一些通用的知识库,也就是使用基于知识的推荐,此外还可以利用关于项的其他信息。已经有很多尝试来缓解冷启动问题,但是它们的详细描述超出了本书的范围。

推荐系统研究的一个新方向是基于上下文和群组推荐,在前一种情况下,推荐技术考虑所谓的"上下文":与推荐相关的用户和项属性之外的附加信息。例如,人们在圣诞节期间看"圣诞电影",或者他们可能在周末观看和工作日不同的电影。群组推荐关注用户请求推荐时所涉及的人员,如当独自一人、和伙伴一起、与孩子或朋友一起时,我们可能喜欢看不同的电影。检测用户的上下文并不容易,而且通常需要考虑一些可度量的上下文:时间、位置或天气。

最后,我们必须要注意到,任何推荐技术的一个非常重要的"伙伴"是一个良好的用户界面。若用户界面非常糟糕,即使是最佳推荐技术的结果,也会在用户体验过程中被破坏。此外,我们必须记住,每个领域都有其特殊之处,若将它们合并到推荐系统中,将有助于所开发系统的独特性。

13.3　社交网络分析

随着社交网络的普及,社交网络分析(Social Network Analysis,SNA)近年来变得越来越重要。SNA 起源于社会学,但对网络的研究已经远远超出了社会科学的范畴。在物理学、神经科学、经济学、计算机科学和工程学等领域,人们也研究过具有各种特征的网络,这里仅列举几个在实体间关系中发挥重要作用的领域。

由于对所有现有方法的完整描述超出了本书的范围,这里只介绍几个基本概念,而且仅考虑简单的网络。

13.3.1　社交网络的表示

每个网络都是一种类型的图,由节点和节点之间的关系(也称为边)组成。边可以是有向的,也可以是无向的,并且可以用一个权值来赋值,如图 13.4 所示。如果节点间存在多种类型的关系,如两个人可以通过"朋友""家人"或"同事"关系连接起来,我们将这些边形容为"多重"。

为了表示有向图或无向图,所谓的邻接矩阵是一个合适的结构,这里用 A 表示,其行和列表示节点。每个第 i 行和第 j 列的单元格 A_{ij} 表示从第 i 个节点到第 j 个节点是否有一条边,对于无向边,A 相对于它的对角线是对称的。

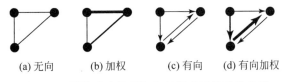

(a) 无向　　　(b) 加权　　　(c) 有向　　　(d) 有向加权

图 13.4　网络中边的粗细和权值成正比的边类型

例 13.10　图 13.5 展示了一个社交网络实例,其中包含表 1.1 中介绍的实例中的联系人节点(由姓名首字母表示)。为了简单起见,边是无向的、不加权的,如表示哪对联系人已经一起吃过饭了。

我们可以看到,网络有 3 个不同的部分,分别对应不同的网络类型。节点 A,B,C,D 构成星形,这个子网是集中的,节点 D 在中心。只考虑节点 F,G,H 和 I,就形成了一种环,其中每个节点都与其相邻的两个节点相连。节点 J,K,L 和 M 构成一个完整的、密集的网络,每个节点相互连接。最后,还有一个节点 N 没有连接到网络中的其他任何节点。

如表 13.11 所示,图 13.5 中的网络或图可以用邻接矩阵表示。注意,对于稀疏网络,可以用其他方式表示邻接矩阵,如第 6 章中介绍的稀疏形式,其中表 6.1 中的布尔矩阵在表 6.2 中以稀疏形式表示。

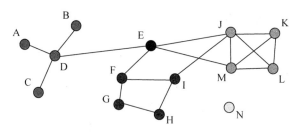

图 13.5　社交网络实例

在邻接矩阵 **A** 中表示一个图是有优势的,我们可以使用高效、快速的矩阵运算获得图的有用信息。例如,如果我们将 **A** 与自身相乘,也就是将 **A** 进行平方运算,就会得到路径的个数,或者是长度为 2 的节点对之间的边序列。

例 13.11 表 13.11 中邻接矩阵的平方如表 13.12 所示。从这个矩阵可以看到,节点 A 和 B 之间有一条长度为 2 的路径通过节点 D,也就是说节点 A 和 D 之间的边序列和节点 D 和 B 之间的边序列,而且这个序列的长度是 2。此外,从 A 到 D 和从 D 返回到 A 有一条长度为 2 的路径,可以从表 13.12 的第 1 行和第 1 列的单元格读取。

表 13.11　图 13.5 中网络的邻接矩阵

节点	A	B	C	D	E	F	G	H	I	J	K	L	M	N
A	0	0	0	1	0	0	0	0	0	0	0	0	0	0
B	0	0	0	1	0	0	0	0	0	0	0	0	0	0
C	0	0	0	1	0	0	0	0	0	0	0	0	0	0
D	1	1	1	0	1	0	0	0	0	0	0	0	0	0
E	0	0	0	1	0	1	0	0	1	0	0	1	0	0
F	0	0	0	0	1	0	1	0	1	0	0	0	0	0
G	0	0	0	0	0	1	0	1	0	0	0	0	0	0
H	0	0	0	0	0	0	1	0	1	0	0	0	0	0
I	0	0	0	0	0	1	0	1	0	1	0	0	0	0
J	0	0	0	0	1	0	0	0	1	0	1	1	1	0
K	0	0	0	0	0	0	0	0	0	1	0	1	1	0
L	0	0	0	0	0	0	0	0	0	1	1	0	1	0
M	0	0	0	0	1	0	0	0	0	1	1	1	0	0
N	0	0	0	0	0	0	0	0	0	0	0	0	0	0

表 13.12　表 13.11 中邻接矩阵的平方(表示节点对间长度为 2 的数量)

节点	A	B	C	D	E	F	G	H	I	J	K	L	M	N
A	1	1	1	0	1	0	0	0	0	0	0	0	0	0
B	1	1	1	0	1	0	0	0	0	0	0	0	0	0
C	1	1	1	0	1	0	0	0	0	0	0	0	0	0
D	0	0	0	4	0	1	0	0	0	1	0	0	1	0

续表

节点	A	B	C	D	E	F	G	H	I	J	K	L	M	N
E	1	1	1	0	4	0	1	0	2	1	2	2	1	0
F	0	0	0	1	0	3	0	2	0	2	0	0	1	0
G	0	0	0	0	1	0	2	0	2	0	0	0	0	0
H	0	0	0	0	0	2	0	2	0	1	0	0	0	0
I	0	0	0	0	2	0	2	0	3	0	1	1	1	0
J	0	0	0	1	1	2	0	1	0	5	2	2	3	0
K	0	0	0	0	2	0	0	0	1	2	3	2	2	0
L	0	0	0	0	2	0	0	0	1	2	2	3	2	0
M	0	0	0	1	1	1	0	0	1	3	2	2	4	0
N	0	0	0	0	0	0	0	0	0	0	0	0	0	0

类似地，如果取 A 的三次方，我们就得到了长度为 3 的节点对之间的路径数，A 的四次方表示长度为 4 的节点对之间的路径数，依此类推。

13.3.2　节点的基本属性

网络的基本属性是从其节点的相关属性得到的，这是本节关注的重点。由于网络是由它的节点和节点之间的连接决定的，所以节点的基本属性与连接有关。节点连接的数量和结构决定了它的影响，换句话说，决定了它在网络中的分量。

1. 度

度（Degree）是最基本的度量，它捕获节点的连接数。对于具有无向边的网络，节点的度是邻接矩阵中对应行或对应列的和，图 13.5 中网络节点的度如表 13.13 所示。

表 13.13　图 13.5 中网络节点的基本属性

属性	A	B	C	D	E	F	G
度	1	1	1	4	4	30.025	2
亲密度	0.0196	0.0196	0.0196	0.025	0.0286	0.025	0.0204
中间性	0	0	0	30	37.17	14.5	2.17
聚类系数	—	—	—	0	0.17	0	0

属性	H	I	J	K	L	M	N
度	2	3	5	3	3	4	0
亲密度	0.0196	0.0238	0.0270	0.0217	0.0217	0.0256	0.0054
中间性	1.33	10.67	18	0	0	6.17	0
聚类系数	0	0	0.4	1	1	0.67	—

对于有向边，区分所谓的"内度"和"外度"分数，节点的内度分数是指向给定节点的边的节点数；节点的外度分数是给定节点上的一条边指向的节点数。通过对邻接矩阵中相应的行或列分别求和，可以获得网络节点的外度或内度。

2. 距离

节点间的距离是重要特征,因为它们决定信息在网络中的传播方式,两个节点之间的距离被计算为信息从一个节点到另一个节点的最小边数。如表 13.14 中的距离矩阵所示,若两个节点之间没有连接,则计算的距离为无穷大。注意对于无向边的图,距离矩阵相对于它的对角线是对称的,但是对于有向边的图则不成立。

表 13.14　图 13.5 中图形的距离矩阵(节点间的距离)

节点	A	B	C	D	E	F	G	H	I	J	K	L	M	N
A	0	2	2	1	2	3	4	5	4	3	4	4	3	∞
B	2	0	2	1	2	3	4	5	4	3	4	4	3	∞
C	2	2	0	1	2	3	4	5	4	3	4	4	3	∞
D	1	1	1	0	1	2	3	4	3	2	3	3	2	∞
E	2	2	2	1	0	1	2	3	2	1	2	2	1	∞
F	3	3	3	2	1	0	1	2	1	2	3	3	2	∞
G	4	4	4	3	2	1	0	1	2	3	4	4	3	∞
H	5	5	5	4	3	2	1	0	1	2	3	3	3	∞
I	4	4	4	3	2	1	2	1	0	1	2	2	2	∞
J	3	3	3	2	1	2	3	2	1	0	1	1	1	∞
K	4	4	4	3	2	3	4	3	2	1	0	1	1	∞
L	4	4	4	3	2	3	4	3	2	1	1	0	1	∞
M	3	3	3	2	1	2	3	3	2	1	1	1	0	∞
N	∞	∞	∞	∞	∞	∞	∞	∞	∞	∞	∞	∞	∞	0

3. 亲密度

亲密度反映了一个节点在网络中的可访问性,较大的值表示给定节点与网络的其他节点连接良好。对于给定的节点 v,它的亲密度(closeness)度量结果为(在距离矩阵中)给定节点 v 与网络中所有其他 $u \neq v$ 节点的距离(distance)之和的倒数。

$$\text{closeness}(v) = \frac{1}{\sum_{u \neq v} \text{distance}(u, v)} \tag{13.6}$$

如果两个节点之间没有连接,网络中的节点数将被代入计算中,因此不会得到一个无限值。亲密度对网络的大小敏感,随网络的增大而减小。

例 13.12　基于表 13.14 第 1 行介绍的距离,图 13.5 中节点 A 的亲密度数值为 $1/(2+2+1+2+3+4+5+4+3+4+4+3+14) = 0.019\,607\,843$。这里的 distance(A,N)=14(网络中有 14 个节点),而不是 distance(A,N)=∞。

4. 中间性

中间性用于评估节点 v 在网络中的位置的重要性,计算式为

$$\text{betweenness}(v) = \sum_{u \neq v \neq t} \frac{\text{nsp}_v(u, t)}{\text{nsp}(u, t)} \tag{13.7}$$

其中,u 和 t 是与 v 不同的节点对;$\mathrm{nsp}(u,t)$ 是从节点 u 到节点 t 最短路径的数量;$\mathrm{nsp}_v(u,t)$ 是经过节点 v 从 u 到 t 的最短路径数量。中间性度量哪些信息必须要流经网络中的特定节点。

图 13.6　图 13.5 的部分社交网络

例 13.13　由于中间性的计算是随网络节点数的增加而加大的,为了便于说明,我们将只介绍图 13.6 所示的社交网络部分的计算。

节点 E 的中间性为 0,因为没有任何其他节点对之间的最短路径穿过 E。现在计算节点 G 的中间性:$\mathrm{nsp}(F,H)=2$,这是因为节点 F 和 H 之间存在两个距离为 2 的路径,即路径 F→G→H 和路径 F→I→H。但其中只有一个通过节点 G,所以 $\mathrm{nsp}_G(F,H)=1$。同样地,$\mathrm{nsp}(E,H)=2$,$\mathrm{nsp}_G(E,H)=1$。由于没有其他最短路径通过节点 G,根据式(13.7)计算其中间性为

$$\frac{\mathrm{nsp}_G(E,F)}{\mathrm{nsp}(E,F)}+\frac{\mathrm{nsp}_G(E,H)}{\mathrm{nsp}(E,H)}+\frac{\mathrm{nsp}_G(E,I)}{\mathrm{nsp}(E,I)}+\frac{\mathrm{nsp}_G(F,H)}{\mathrm{nsp}(F,H)}+\frac{\mathrm{nsp}_G(F,I)}{\mathrm{nsp}(F,I)}+\frac{\mathrm{nsp}_G(H,I)}{\mathrm{nsp}(H,I)}$$

$$=\frac{0}{1}+\frac{1}{2}+\frac{0}{1}+\frac{1}{2}+\frac{0}{1}+\frac{0}{1}$$

$$=1$$

类似地,可以计算其他节点的中间性,这样就得到 F 的中间性为 3.5,H 的中间性为 0.5,I 的中间性为 1。

5. 聚类系数

一些研究表明,三元组(连接形成一个三角形的 3 个节点)是可以衍生出广泛有趣的社交关系的重要组成部分。聚类系数衡量的是节点 v 被包含在三元组中的趋势,其可以定义为

$$\mathrm{clust\_coef}(v)=\frac{\sum_{u\neq v\neq t}\mathrm{triangle}(u,v,t)}{\sum_{u\neq v\neq t}\mathrm{triple}(u,v,t)} \tag{13.8}$$

对于这个公式,如果节点 u、v 和 t 连接形成一个三角形,则 $\mathrm{triangle}(u,v,t)=1$;否则 $\mathrm{triangle}(u,v,t)=0$。此外,若节点 u 和 t 都连接到节点 v,则 $\mathrm{triple}(u,v,t)=1$;否则 $\mathrm{triple}(u,v,t)=0$。

如果 $\mathrm{degree}(v)<2$,则聚类系数要么等于零,要么没有定义。

例 13.14　图 13.5 中网络节点 E 的聚类系数计算如下。4 个节点连接到 E,形成 6 个三元组:$\mathrm{triple}(D,E,F)$、$\mathrm{triple}(D,E,M)$、$\mathrm{triple}(D,E,J)$、$\mathrm{triple}(F,E,M)$、$\mathrm{triple}(F,E,J)$ 和 $\mathrm{triple}(M,E,J)$;都等于 1,加起来等于 6。不过只形成了一个三角形,因此 $\mathrm{triangle}(M,E,J)=1$,且 $\mathrm{clust\_coef}(E)=1/6=0.17$。

13.3.3　网络的基本和结构属性

上述属性(见表 13.13)也称为"节点中心性得分",与网络中各个节点相关,表征其在网络中的"能量"或"位置",不过也有一些基本和结构属性关注整个网络或其有趣的部分,下面

将讨论这些问题。

1. 直径

网络的直径定义为其节点之间所有距离中最长的一个,这个度量表明了网络节点的可达性的强弱。图 13.5 所示的网络直径为 5,是距离矩阵中存在的最长距离——节点 A 与 H 之间的距离。

2. 中心性

如表 13.13 所示,节点的中心性得分不均匀,要度量这种不均匀性,对于具有 n 个节点的网络 N,网络级的中心性得分可计算为

$$C(N) = \sum_{v}\left[\max_{u} c(u) - c(v)\right] \tag{13.9}$$

其中,$\max\limits_{u} c(u)$ 为网络中所有节点 u(包括节点 v)的最大中心性得分;$c(v)$ 为节点 v 的中心性得分。

例 13.15 下面讨论图 13.7 所示的 3 个网络的紧密度中心性得分。

节点 A,B,C,D 的亲密度得分分别为 0.2,0.2,0.2,0.33,最大值为 0.33。因此,计算网络 1 的亲密度中心性得分为 $C^{\text{closeness}}(1) = (0.33-0.2)+(0.33-0.2)+(0.33-0.2)+(0.33-0.33) = 0.39$。对于其他两个网络,所有节点的亲密度得分相等,为 0.25,节点 J,K,L 和 M 则为 0.33。因此,$C^{\text{closeness}}(2) = 4×(0.25-0.25) = 0 = 4×(0.33-0.33) = C^{\text{closeness}}(3)$。从这些结果可以看出,网络 1 比其他网络更加集中。从图 13.5 中可以看出,网络 N 的度中心性 $C^{\text{degree}}(N) = 0.187$,紧密度中心性 $C^{\text{closeness}}(N) = 0.202$,中间中心性 $C^{\text{betweenness}}(N) = 0.395$。

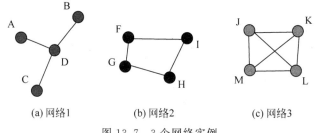

(a) 网络1　　　　　(b) 网络2　　　　　(c) 网络3

图 13.7　3 个网络实例

一个网络的集中得分很高是什么意思? 在上面的例 13.15 中,我们看到以下一些极端网络。

(1) 最集中: 星形。

(2) 最不集中: 环形。

(3) 全连通。

在星形网络中,有一个节点是最大中心节点,而其他所有节点则是最小中心节点。另外,在环形网络或全连通网络中,所有节点的中心性都是相同的。通常,网络中心性度量被转换到区间 [0,1],这样两个网络的得分更容易比较。

3. 派系

派系是节点的子集,其中每两个节点都是连接的。从图 13.5 中可以看出,网络中包含

3 个节点,大小为 3 的派系有以下几个子集:{E,J,M},{J,K,L},{J,K,M},{J,L,M},{J,L,M}和{K,L,M}。有一个规模为 4 的派系,即子集{J,K,L,M}。

4. 聚类系数

该度量表示网络中的三元组连接成三角形的概率,其计算方法类似于节点的聚类系数(见 13.3.2 节),即网络中三角形数与连通三元组数之比。上面例 13.15 中环形网络和星形网络的聚类系数均为零,而同一例子中全连通网络的聚类系数为 1,图 13.5 中网络的聚类系数为 0.357。

5. 模块性

模块性表示网络显示聚类结构(通常称为社区)的程度。一个网络的高模块性意味着它的节点可以被分成组,这些组中的节点紧密相连,而这些组之间的连接并不紧密。图 13.5 中网络的模块性值为 0.44。

13.3.4　趋势和小结

近年来,社交媒体领域有了很大的发展,在科学和工程的各个学科中,已经开发出了一些社交网络分析工具。特别关注的是社交网络的动态,换句话说,就是网络是如何随着时间而发展的。

本节主要关注社交网络分析,而不是挖掘。这么做的原因在于,在 13.1 节讨论文本挖掘时已提到,只有在理解基本原则(如标记、单词包或干)之后,我们才能够从文本中提取知识,并将文本转换为结构化的形式用于聚类、模式挖掘和预测。类似地,通过理解节点和网络的基本属性,我们有可能提取有用的特征,这些特征可用于利用预测或描述性机器学习方法的进一步挖掘。接下来是社交网络挖掘最常见的方向。

随着 Facebook 或 LinkedIn 等社交网站的普及,就需要进行链接预测,这与本书前面讨论的分类和回归技术密切相关。链接预测的目的是预测哪个链接更有可能出现在网络的节点之间,它还与网络中缺少链接的问题推断有关。

在意见和情绪分析的背景下使用文本挖掘技术,是一个活跃的研究领域。其中存在各种各样的应用,如分析社会情绪和对实际事件的看法,或追踪假新闻的来源。

社交网络可视化是近年来备受关注的另一个研究领域。前面已经介绍过,这不是一项容易的任务,因为良好的可视化必须使聚类和异常值都可识别,并提供跟踪链接的能力。

社交网络分析的其他研究领域包括社区检测或挖掘交互模式,与本书第 5 章和第 6 章讨论的聚类和频繁模式挖掘技术密切相关。

13.4　练习

(1) 从一些电影数据库中创建一个包含 20 部电影故事情节(摘要)的小数据集,其中包括 10 部科幻电影和 10 部浪漫喜剧,并从这些文本中提取特征。

(2) 对电影数据使用聚类技术并分析结果。

（3）对电影数据（训练集）归纳出一些分类模型，并对另外 5 部电影（测试集）评估其准确性。

（4）请 30 个朋友给练习（1）创建的电影数据库中的一些电影打分，分值从 1（很差）到 5（很好），然后计算所得到矩阵的稀疏性（大小为 $30×20$）。

（5）使用文本挖掘技术开发一个基于内容的模型，根据 3 个朋友的评分和所评电影的故事情节向他们推荐电影。

（6）根据你的朋友评分的相似度进行聚类。

（7）使用 k-NN 协同过滤向 3 个朋友推荐电影。

（8）根据上面的练习，创建一个社交网络，如果两个朋友对至少一部电影的评分最多差 1，他们就会被连接起来，并创建邻接矩阵。

（9）计算所创建的网络节点的基本属性：度、距离矩阵、亲密度、中间性和聚类系数。

（10）计算网络的基本和结构属性：直径、中心性、派系、聚类系数和模块性。

附录 A

对 CRISP-DM 方法的全面描述

在 1.7 节中,我们概述了 CRISP-DM 方法。现在我们将更详细地了解每个阶段的任务和输出。这个附录是很有必要的,以更好地介绍第 7 章和第 12 章中的项目。

1. 业务理解

其中包括理解业务领域,能够从业务领域的角度定义问题,以及能够将此类业务问题转换为数据分析问题。业务理解阶段有以下任务和输出。

1) 确定业务目标

客户(也就是为项目付钱的人/机构,或者是你的老板(如果是内部项目的话))肯定对业务有很好的理解,对业务目标有清晰的想法。这项任务的目的是了解这一点,找到可以影响最终结果的重要因素。输出包括以下几项。

(1) 背景:应记录项目开始时的业务情况。

(2) 业务目标:当一个关于数据分析的项目开始时,它背后有一个动机/目标,这些目标的描述应该与项目相关的所有业务细节一起记录。

(3) 业务成功标准:项目的成功应该尽可能量化,但有时由于客观事物的主观性,是不可能做到的。在任何情况下,都应该确定项目业务成功的标准/过程。

2) 评估情况

由于在上一项任务中已经准备好了一份业务概况,现在是详细描述现有资源、约束条件、假设条件、要求、风险、或有事项、成本和收益等信息的时候了。输出包括以下几项。

(1) 资源清单:与数据分析项目相关的资源主要是人力和计算资源。计算资源的数据存储库,如数据库或数据仓库、信息系统、计算机和其他类型的软件,都是有意义的计算资源。

(2) 需求、假设和约束:通常对项目日历和结果有需求,也有法律和安全需求。在这类项目中,通常有必要假设,如在某一日期的数据可用性或业务的预期变化取决于政治措施等。所有这些因素都应加以查明和登记。数据可用性、可使用的软件类型或用于高性能计算的计算约束也可能存在约束。

(3) 风险和或有事项:当确定风险时,应制订应急计划,一个典型的风险是第三方依赖性,它可能会使项目延迟。

（4）术语表：业务领域和数据分析领域的术语表。

（5）成本和收益：列出项目的预期成本和预期收益，最好以量化的方式列出。

3）确定数据挖掘目标

可以扩展到数据分析目标，目标是将问题从业务术语转换为技术术语。例如，如果业务目标是"增加客户忠诚度"，那么数据分析对象可能是"预测客户流失"。输出包括以下几项。

（1）数据挖掘目标：描述数据挖掘/分析结果如何能够帮助满足业务目标。在前面的例子中，预测客户流失如何有助于提高客户忠诚度。

（2）数据挖掘成功标准：确定数据挖掘/分析结果被认为是成功的标准。使用相同的例子，一个可能的成功标准是预测客户流失的准确性至少达到 60%。

4）制订项目计划

制订项目计划，输出包括以下几项。

（1）项目计划：Dwight D. Eisenhower 有句名言"计划什么都不是，计划就是一切"，准备一个好的初始计划是很重要的，它应该包含所有要完成的任务，以及它们的持续时间、资源、输入、输出和依赖关系。依赖关系的一个例子是，数据准备应该在建模阶段之前完成，这种依赖性通常是由于时间延迟而导致风险的原因。当有证据表明风险存在时，应在计划中写入行动建议。计划应该描述评估阶段之前的每个阶段的任务。在每个阶段结束时，应安排对计划的审查。的确，Eisenhower 是对的！

（2）工具和技术的初始评估：应准备方法和工具的初始选择。下一阶段的细节，特别是数据准备阶段的细节，可以基于这个选择。

2. 数据理解

数据理解包括必要数据的收集及其最初的可视化/摘要，以获得关于数据的最初见解，特别但不完全是关于数据质量问题，如缺失值、离群值和其他不符合的情况。

数据理解阶段有以下任务和对应的输出。

1）收集初始数据

用于初始检查的数据应从先前确定的项目资源中收集，通常使用 SQL 查询完成此任务。当存在多个数据来源时，有必要以某种方式对它们进行集成，但这可能相当昂贵。

该任务的输出为初始数据收集报告：识别数据源和收集数据源所需的所有工作，包括所有技术方面，如使用的任何 SQL 查询，或为合并来自不同数据源的数据而采取的任何步骤。

2）描述数据

收集关于数据的基本信息，输出为初始数据收集报告：数据通常来自一个或多个数据表，对于每个表，应该记录所选实例的数量、属性的数量和每个属性的数据类型。

3）数据探究

对数据进行检验，但要使用正确的方法。描述性数据分析方法对于这个任务来说是足够的（参见第 2 部分，但主要是第 2 章）。第 3 部分的可解释模型，如决策树，也是一个不错的选择。

该任务的输出为数据挖掘报告：报告在数据挖掘过程中发现的相关细节。它可能（有时应该）包括一些图，以便以可视化的方式显示需要报告的重要数据的详细信息。

4）验证数据质量

目标是在部分域退出时（如只有一个教师的数据，目标是研究整个大学的数据）识别和量化不完整的数据、缺失值或错误的数据（如一个325岁的人）。

该任务的输出为数据质量报告：报告验证数据质量的结果。不仅要报告数据中发现的问题，而且要报告解决问题的可能方法，通常，这类问题的解决方案需要对业务和数据分析了解清楚。

3．数据准备

数据准备包括准备建模工具提供的数据集所需的所有任务。数据转换、特征构造、离群值删除、缺失值完善以及不完整实例删除是数据准备阶段最常见的任务。

数据准备阶段包括以下任务和相应的输出。

1）选择数据

基于数据与项目目标的相关性、数据的质量以及是否存在数据量或数据类型等技术约束，根据属性和实例选择数据。

纳入/排除的基本原理：报告用于选择数据的基本原理。

2）清理数据

建模阶段预计使用的方法可以隐含特定的预处理任务。通常选择没有缺失值的数据子集，或者使用填充缺失值或删除离群值的技术。

该任务的输出为数据清理报告：描述在数据理解阶段的数据质量报告中发现的问题是如何解决的，应该考虑在数据清理任务期间进行的转换对建模阶段结果的影响。

3）构造数据

构造新属性、新实例或转换数据，如将布尔属性转换为0/1数字属性。其输出如下。

（1）派生属性：通过对现有属性进行某种计算而获得的属性。例如，从另一个类型时间戳的属性（带日期和时间）获得一个名为"日类型"的新属性，该属性有3个可能的值"周六""周日"和"工作日"。

（2）生成的记录：创建新记录/实例。例如，它们可以用来生成某种类型的人工实例，作为处理不平衡数据集的一种方法（参见11.4.1节）。

4）集成数据

为使数据以表格形式呈现，通常需要集成不同表格的数据。

该任务的输出为合并数据。例如，将大学生的个人数据与关于其学术生涯的信息进行整合。如果对于学术信息，每个学生都有一个实例，那么这就很容易做到。但是，如果每个学生有多个学术实例，如每个学生已经注册的课程有一个实例，那么仍然可以通过计算值（如平均分类或学生注册的课程数量）为每个学生生成唯一一个实例。

5）格式化数据

格式化数据指的是对数据进行的转换，但不转换其含义，但对于满足建模工具的需求是必要操作。

该任务的输出为重新格式化数据：一些工具有特定的假设，如预测属性是否为最后一个的必要性，还有其他一些假设。

数据准备阶段的输出为：

（1）数据集：在建模阶段或项目的主要分析工作中使用的一个或多个数据集；

（2）数据集描述：描述将在建模阶段或项目的主要分析工作中使用的数据集。

4. 建模

通常，在分析中有几种方法可以解决相同的问题，其中一些方法需要额外和方法相关的数据准备任务，在这种情况下，有必要回到数据准备阶段。建模阶段还包括为每个选择的方法调整超参数。

建模阶段具有以下任务和相应的输出。

1）选择建模技术

在业务理解阶段，方法，或者更准确地说，要使用的方法族已经确定。现在，有必要选择使用哪些特定的方法。例如，在业务理解阶段，我们可能已经选择了决策树，但现在我们需要决定是使用 CART、C5.0，还是其他技术。该任务的输出如下。

（1）建模技术：要使用的技术描述。

（2）建模假设：几种方法都对数据进行假设，如不存在缺失值、不存在离群值、不存在无关属性（对预测任务没有用处）。所有现有的假设都应加以说明。

2）生成测试设计

必须准备好实验设置的定义，这对于预测数据分析尤其重要，以避免过拟合。

该任务的输出为测试设计：描述计划的实验设置。重采样方法应该考虑现有的数据量、数据集的不均衡程度（在分类问题中）或数据是否以连续流的形式到达。

3）构建模型

当问题具有预测性时，使用该方法获取一个或多个模型；当问题具有描述性时，使用该方法获取所需的描述。该任务的输出如下。

（1）超参数设置：每个方法通常有几个超参数，应该描述用于每个超参数的值以及它们的定义过程。

（2）模型：获得的模型或结果。

（3）模型描述：模型或结果的描述，考虑它们的可解释性。

4）评估模型

通常会生成多个模型/结果，然后有必要根据所选择的评价措施对这些指标进行排序。评估通常从数据分析的角度进行，也会考虑一些业务方面。该任务的输出如下。

（1）模型评估：总结这个任务的结果，列出生成的模型的质量（如在准确性方面），并对它们的质量进行排序。

（2）修改超参数设置：如有必要，根据模型评估修改超参数设置，将用在模型构建任务的另一个迭代中。当数据分析师认为没有必要进行新的迭代时，构建和评估任务的迭代就会停止。

5．评价

从数据分析的角度解决问题并不是这个过程的终点。现在有必要从业务角度理解其使用的意义，在此阶段，应该确保获得的解决方案满足业务需求。

评价阶段有下列任务和各自的输出。

1）评价结果

确定得到的解决方案是否满足业务目标，并从业务角度对可能存在的不符之处进行评价。如果可能，在真实的业务场景中测试模型是很有帮助的，但这种解决方案并不总是可行的，如果可行，成本可能会过高。该任务的输出如下。

（1）评估数据挖掘结果：从业务角度描述评估结果，包括关于所获得的结果是否满足最初定义的业务目标的最终陈述。

（2）被认可的模型。

2）评审过程

评审所有数据分析工作，以验证其是否满足业务需求。

该任务的输出为过程评审：总结评审过程，强调哪些是遗漏的，哪些是应该重复的。

3）确定下一步

在评审过程之后，应该确定下一步：传递到部署阶段，重复某个步骤返回之前的阶段或开始一个新项目。这些决定还需要考虑可用的预算和资源。该任务的输出如下。

（1）列出可能的行动，以及每个行动的利弊。

（2）决策：描述是否继续进行的决策及其背后的理由。

6．部署

在业务流程中集成数据分析解决方案，是此阶段的主要目的。通常，它意味着将获得的解决方案集成到决策支持工具、网站维护流程、报告流程或其他地方。

部署阶段具有以下任务和相应的输出。

1）计划部署

部署策略考虑评价阶段的结果。

该任务的输出为部署计划：总结部署策略并描述创建必要模型和结果的过程。

2）计划监控与维护

随着时间的推移，数据分析方法的性能会发生变化。因此，有必要根据部署类型定义监视策略和维护策略。

该任务的输出为监视和维护计划：尽可能编写监视和维护计划。

3）制作最终报告

完成最终报告，可以是项目和实验的结合，也可以是数据分析结果的综合展示。该任务的输出如下。

(1) 结案报告：一种汇总和组织所有以前输出的卷宗。

(2) 最后陈述：项目最后一次会议的陈述。

4) 项目评审

分析项目的优缺点。

该任务的输出为经验文档：撰写评审，包括项目每个阶段的所有具体经验，以及对未来数据分析项目有帮助的其他成果。

参 考 文 献

［1］ Gantz J,Reinsel D. Big data,bigger digital shadows,and biggest growth in the far east［R］. International Data Corporation (IDC) Tech. Rep. ,2012.

［2］ Laney D,White A. (2014) Agenda overview for information innovation and governance［R］. Gartner Inc. Tech. Rep. ,2014.

［3］ Cisco Inc. White paper：Cisco visual networking index：global mobile data traffic forecast update, 2015-2020［R］. Cisco Tech. Rep. ,2016.

［4］ Simon P. Too big to ignore：the business case for big data［M］. John Wiley & Sons,Inc. ,2013.

［5］ Provost F,Fawcett T. Data science and its relationship to big data and data-driven decision making［J］. Big Data,2013,1(1)：51-59.

［6］ Lichman M. UCI machine learning repository［EB/OL］. http：//archive. ics. uci . edu/ml.

［7］ Fayyad U,Piatetsky-Shapiro G,Smyth P. The KDD process for extracting useful knowledge from volumes of data［J］. Communications of the ACM,1996,39(11)：27-34.

［8］ Chapman P,Clinton J,Kerber R,et al. CRISP-DM 1. 0,Step-by-step data mining guide,report CRISPMWP-1104［R］. CRISP-DM Consortium,2000.

［9］ Piatestsky G. CRISP-DM,still the top methodology for analytics,data mining,or data science projects ［EB/OL］. http：//www. kdnuggets. com/2014/10/crisp-dm-top-methodology-analytics-data-mining-data-science- projects. html.

［10］ Weiss N. Introductory statistics［M］. Pearson Education,2014.

［11］ Chernoff H. The use of faces to represent points in k-dimensional space graphically［J］. Journal of the American Statistical Association,1973,(68)：361-368.

［12］ Tabachnick B G, Fidell L S. Using multivariate statistics ［M］. Pearson New International Edition,2014.

［13］ Maletic J I,Marcus A. Data cleansing：Beyond integrity analysis［C］//Proceedings of the Conference on Information Quality. 2000：200-209.

［14］ Pearson K. On lines and planes of closest fit to systems of points in space［J］. Philosophical Magazine,1902,2(6)：559-572.

［15］ Strang G. Introduction to linear algebra［M］. 5th edition. Wellesley-Cambridge Press,2016.

［16］ Benzecri J. Correspondence analysis handbook［M］. Marcel Dekker,1992.

［17］ Messaoud R B,Boussaid O,Rabaséda S L. Efficient multidimensional data representations based on multiple correspondence analysis ［C］//Proceedings of the 12th ACM SIGKDD International Conference on Knowledge Discovery and Data Mining. ACM,2006：662-667.

［18］ Comon P. Independent component analysis,a new concept? ［J］. Signal Processing,1994 36(3)：287-314.

［19］ Cox M,Cox T. Multidimensional scaling［M］. 2nd edition. Chapman & Hall/CRC,2000.

［20］ Tan P,Steinbach M,Kumar V. Introduction to data mining［M］. Pearson Education,2014.

［21］ Aggarwal C,Jiawei H. Frequent pattern mining［M］. Springer,2014.

［22］ Wolberg W H,Street W N,Mangasarian O L. Breast cancer wisconsin (diagnostic) data set,UCI machine learning repository［EB/OL］. https：//archive. ics. uci. edu/ml/datasets/Breast＋Cancer＋Wisconsin＋Cancer＋Wisconsin＋％28Diagnostic％29.

[23] Bulmer M. Francis Galton: Pioneer of heredity and biometry[M]. The Johns Hopkins University Press,2003.

[24] Kohavi R. A study of cross-validation and bootstrap for accuracy estimation and model selection [C]// Proceedings of the 14th International Joint Conference on Artificial Intelligence - Volume 2. 1995: 1137-1143.

[25] Fernández-Delgado M,Cernadas E,Barro S,et al. Do we need hundreds of classifiers to solve real world classification problems? [J]. Journal of Machine Learning Research,2014,15(1): 3133-3181.

[26] Swets J A,Dawes R M,Monahan J. Better decisions through science[J]. Scientific American,2000, 283(4): 82-87.

[27] Provost F,Fawcett T. Data science for business: what you need to know about data mining and data-analytic thinking[M]. O'Reilly Media,Inc. ,2013.

[28] Flach P. Machine learning: the art and science of algorithms that make sense of data[M]. Cambridge University Press,2012.

[29] Aamodt A, Plaza E. Case-based reasoning: Foundational issues, methodological variations, and system approaches[J]. AI Communications,1994,7(1): 39-59.

[30] Rokach L, Maimon O. Top-down induction of decision trees classifiers-a survey [J]. IEEE Transactions on Systems,Man and Cybernetics: Part C,2005,35(4): 476-487.

[31] Quinlan J R. Learning with continuous classes [C]//Proceedings of the 5th Australian Joint Conference on Artificial Intelligence,World Scientific. 1992: 343-348.

[32] Rosenblatt F. The perceptron: A probabilistic model for information storage and organization in the brain[J]. Psychological Review,1958,65(6): 65-386.

[33] Novikoff A B J. On convergence proofs on perceptrons[C]//Proceedings of the Symposium on the Mathematical Theory of Automata,vol. XII. 1962: 615-622.

[34] Werbos P J. Beyond regression: new tools for prediction and analysis in the behavioral sciences[D]. Harvard University,1974.

[35] Parker D B. Learning-logic[R]. TR-47,Center for Comp. Research in Economics and Management Sci. ,MIT,1985.

[36] LeCun Y. Une procédure d'apprentissage pour réseau à seuil asymétrique[C]// Proceedings of Cognitiva 85. 1985: 599-604.

[37] Rumelhart D,Hinton G,Williams R. Learning internal representations by error propagation[M]// Rumelhart D E,McClelland J L. Parallel Distributed Processing,vol. 1. MIT Press,1986: 318-362.

[38] Kolmogorov A K. On the representation of continuous functions of several variables by superposition of continuous functions of one variable and addition[J]. Doklady Akademii Nauk SSSR,1957,114: 369-373.

[39] Goodfellow I,Bengio Y,Courville A. Deep learning[M]. MIT Press,2016.

[40] Fukushima K. Neural network model for a mechanism of pattern recognition unaffected by shift in position-Neocognitron[J]. Transactions of the IECE,1979,J62-A(10): 658-665.

[41] Lecun Y,Bengio Y,Hinton G. Deep Learning[J]. Nature,2015,521(7553): 436-444.

[42] Cortes C,Vapnik V. Support-vector networks[J]. Machine Learning,1995,20(3): 273-297.

[43] Burges C. A tutorial on support vector machines for pattern recognition [J]. Data Mining and Knowledge Discovery,1998,2(2): 121-167.

[44] Friedman J H. Greedy function approximation: A gradient boosting machine [J]. Annals of

Statistics,2000,29：1189-1232.

[45] Freund Y,Shapire R E. Experiments with a new boosting algorithm[C]//Proceedings of the 13th International Conference on Machine Learning. 1996：148-156.

[46] de Carvalho A,Freitas A. A tutorial on multi-label classification techniques[M]//Abraham A, Hassanien A E, Sná~sel V. Foundations of Computational Intelligence Volume 5：Function Approximation and Classification. Springer,2009：177-195.

[47] Tsoumakas G,Katakis I. Multi-label classification：An overview[J]. International Journal of Data Warehousing and Mining,2007,3(3)：1-13.

[48] Freitas A,de Carvalho A. A tutorial on hierarchical classification with applications in bioinformatics [M]//Taniar D. Research and Trends in Data Mining Technologies and Applications. Idea Group, 2007：175-208.

[49] Ren Z,Peetz M, Liang S, et al. Hierarchical multi-label classification of social text streams[C]// Proceedings of the 37th International ACM SIGIR Conference on Research, Development in Information Retrieval. ACM,2014：213-222.

[50] Settles B. Active learning, synthesis lectures on artificial intelligence and machine learning[M]. Morgan & Claypool,2012.

[51] Zikeba M,Tomczak S K,Tomczak J M. Ensemble boosted trees with synthetic features generation in application to bankruptcy prediction[J]. Expert Systems with Applications,2016,58：93-101.

[52] Hall M,Frank E, Holmes G, et al. The WEKA data mining software：An update[J]. SIGKDD Explorations Newsletter,2009,11(1)：10-18.

[53] Weiss S M,Indurkhya N, Zhang T. Fundamentals of predictive text mining[M]. 2nd edition. Springer,2015.

[54] Porter M. An algorithm for suffix stripping[J]. Program,1980,14(3)：130-137.

[55] Witten I H,Frank E,Hall M A. Data mining：practical machine learning tools and techniques[M]. 3rd edition. Morgan Kaufmann,2011.

[56] Ricci F,Rokach L,Shapira B,et al. Recommender systems handbook[M]. Springer-Verlag,2010.

[57] Hanneman R,Riddle M. Introduction to social networks methods[EB/OL]. http://faculty. ucr. edu/~ hanneman/nettext/.

[58] Zafarani R,Abbasi M, Liu H. Social media mining：an introduction[M]. Cambridge University Press,2014.

图 书 资 源 支 持

感谢您一直以来对清华大学出版社图书的支持和爱护。为了配合本书的使用，本书提供配套的资源，有需求的读者请扫描下方的"书圈"微信公众号二维码，在图书专区下载，也可以拨打电话或发送电子邮件咨询。

如果您在使用本书的过程中遇到了什么问题，或者有相关图书出版计划，也请您发邮件告诉我们，以便我们更好地为您服务。

我们的联系方式：

地　　　址：北京市海淀区双清路学研大厦 A 座 701

邮　　　编：100084

电　　　话：010-83470236　　010-83470237

资源下载：http://www.tup.com.cn

客服邮箱：tupjsj@vip.163.com

QQ：2301891038（请写明您的单位和姓名）

用微信扫一扫右边的二维码,即可关注清华大学出版社公众号。

教学资源·教学样书·新书信息

人工智能科学与技术
人工智能|电子通信|自动控制

资料下载·样书申请

书圈